Taha Nazir
Nida Taha

Uma revisão ilustrada da tuberculose no Paquistão

Taha Nazir
Nida Taha

Uma revisão ilustrada da tuberculose no Paquistão

ScienciaScripts

Imprint

Cover image: www.ingimage.com

This book is a translation from the original published under ISBN 978-3-659-89351-3.

Publisher:
Sciencia Scripts
is a trademark of
Dodo Books Indian Ocean Ltd. and OmniScriptum S.R.L publishing group

120 High Road, East Finchley, London, N2 9ED, United Kingdom
Str. Armeneasca 28/1, office 1, Chisinau MD-2012, Republic of Moldova, Europe
Managing Directors: Ieva Konstantinova, Victoria Ursu
info@omniscriptum.com

Printed at: see last page
ISBN: 978-620-8-59970-6

AVISO

Os planos de terapia e os perfis clínicos dos agentes terapêuticos estão a ser alterados todos os dias. A investigação farmacêutica e os ensaios clínicos alargaram consideravelmente os nossos conhecimentos e introduziram alterações mais sofisticadas nos protocolos de tratamento. O autor, os colaboradores e a editora deste livro verificaram as informações junto de fontes consideradas fiáveis, procurando fornecer informações completas e, em geral, de acordo com os padrões aceites no momento da publicação. No entanto, tendo em conta a possibilidade de erro humano ou de alteração dos dados de investigação clínica mais recentes, nem o autor, nem o editor, nem qualquer outra parte que tenha estado envolvida na preparação ou publicação desta obra garante que a informação aqui contida é, em todos os aspectos, exacta ou completa, e declina toda a responsabilidade por quaisquer erros ou omissões ou pelos resultados obtidos com a utilização da informação contida nesta obra. Os estudantes, investigadores e leitores são encorajados a confirmar as informações contidas

CONTEÚDO

PREFÁCIO

As perigosas estirpes de bactérias resistentes ou superbactérias são ameaças potenciais. É necessária uma atenção especial para resolver o problema de forma adequada. *O M. Tuberculosis* multirresistente e extensivamente resistente aos medicamentos está a emergir rapidamente devido ao incumprimento e à utilização indiscriminada e não supervisionada de antibióticos. Foram notificados casos de tuberculose em grupos populacionais altamente susceptíveis, incluindo a população local do Paquistão.

A tuberculose é um dos principais problemas de saúde pública no Paquistão. Este país ocupa o 5º lugar entre os países mais afectados do mundo. 61% dos doentes com tuberculose encontram-se na região mediterrânica oriental da OMS. Todos os anos surgem cerca de 420 000 novos casos de tuberculose, metade dos quais com baciloscopia de expetoração positiva.

Estima-se também que o Paquistão tenha a 4ª terceira maior prevalência de multirresistência a nível mundial.

Por conseguinte, é necessário adotar uma estratégia eficaz para controlar a tuberculose no Paquistão. Tentámos apresentar informações clínicas e microbiológicas abrangentes relacionadas com o Mycobacterium Tuberculosis. Isso ajuda a desenvolver as competências necessárias para atingir os Objectivos de Desenvolvimento do Milénio da Organização Mundial de Saúde no Paquistão.

Os comentários valiosos e as sugestões construtivas serão calorosamente acolhidos.

Dr. TAHA NAZIR

B.Pharm.(PU), R.Ph., MBA, BA.

M.Phil. (Farmacologia), Ph.D. (Microbiologia).

E.: tahar@icdtdi.ca

03 de abril de 2016

Capítulo 1

INTRODUÇÃO DA TUBERCULOSE NO PAQUISTÃO

No Paquistão, vivem cerca de 161 milhões de pessoas numa área de 803.490 quilómetros quadrados. Todos os anos, a tuberculose causa aproximadamente 70.000 mortes e cerca de 270.000 pessoas por ano adoecem com a doença. De acordo com a OMS, o país está entre os 27 Estados mais afectados, o mesmo acontecendo com a tuberculose multi-resistente (MDR-Tuberculosis). (DAHW, 2016) Anualmente, cerca de 15.000 doentes contraem esta forma grave de tuberculose; os antibióticos padrão já não funcionam. O tratamento da tuberculose MDR dura mais tempo e é mais caro do que o tratamento da tuberculose comum. Para além disso, tem efeitos secundários graves. (Pedro et al., 2015)

O hospital trata de doentes que não estão cobertos pela rede do programa governamental de combate à tuberculose. O hospital admite, por exemplo, pessoas subnutridas, doentes graves e doentes muito pobres, que não podem ser tratados em casa. Os doentes que sofrem de tuberculose extra-pulmonar, como por exemplo a tuberculose vertebral, são aqui assistidos. O tratamento da tuberculose MDR está a ganhar cada vez mais importância. Uma vez que, até agora, só existia um programa governamental para a tuberculose MDR em Lahore e Karachi, até os hospitais públicos do Norte do Paquistão estão a encaminhar estes doentes para o Dr. Schmotzer, infelizmente, muitas vezes demasiado tarde. Os doentes que sofrem desta tuberculose altamente infecciosa são tratados em duas pequenas enfermarias de isolamento com quatro a cinco camas cada, a fim de evitar a infeção de outros doentes. Atualmente, existe uma lista de espera para a admissão nesta enfermaria. Prevenção: A equipa de Rawalpindi dá especial ênfase à educação do público e à formação do pessoal de saúde. Esta é a razão pela qual, até à data, nenhum doente ou colega de trabalho foi infetado pela tuberculose durante a sua estadia no hospital. (DAHW, 2016)

- População total 184 350 (x000s)
- Total das despesas de saúde (% das despesas do sector público administrativo) 4,7
- Rácio de mortalidade materna (por 100 000 nados-vivos) 170
- Centros e unidades de cuidados de saúde primários (por 10 000 habitantes) 2,0
- Esperança de vida total à nascença (anos) 65,0
- Fonte: Perfis estatísticos dos países (2014)

A tuberculose (Tuberculose) é um dos principais problemas de saúde pública no Paquistão. O Paquistão ocupa o quinto lugar entre os países com maior incidência de tuberculose a nível mundial. É responsável por 61% do peso da tuberculose na região mediterrânica oriental da OMS. Todos os anos surgem cerca de 420 000 novos casos de tuberculose, metade dos quais com baciloscopia de expetoração positiva. Estima-se também que o Paquistão tenha a quarta maior prevalência de tuberculose multirresistente (MDR-Tuberculose) a nível mundial. (Singh et al., 2015)

A partir de 2001, registaram-se progressos constantes no sentido de melhorar a taxa de deteção de casos de tuberculose e de sucesso do tratamento. Isto foi conseguido através da garantia de qualidade da baciloscopia, da gestão dos medicamentos, da mobilização da comunidade e da participação de hospitais de cuidados terciários, organizações não governamentais, organizações intersectoriais e do sector privado na prestação de serviços.

O número de casos de tuberculose diagnosticados aumentou de 20 707 em 2001 para 267 912 em 2010. Desde o seu relançamento em 2001, o programa nacional de controlo da tuberculose tratou com êxito mais de 1,5 milhões de casos de tuberculose, gratuitamente.

A atual taxa de deteção de novos casos de tuberculose com baciloscopia positiva é de 63%, com base em novas estimativas de incidência, e a taxa de sucesso do tratamento é de 91%. No total, foram criados no sector público 5800 centros de diagnóstico e tratamento que prestam serviços gratuitos de despistagem e tratamento da tuberculose.

Foi iniciada a gestão da tuberculose MDR em três sítios-piloto. Foram assegurados recursos para a gestão global de 15 000 doentes com tuberculose MDR (diagnóstico, tratamento e apoio social).

Incidência da tuberculose no Paquistão (por 100.000 pessoas)

A incidência de tuberculose (por 100 000 pessoas) no Paquistão foi medida pela última vez em 270 em 2014, de acordo com o Banco Mundial. Incidência de Tuberculose é o número estimado de novos casos de Tuberculose pulmonar, baciloscopia positiva e extra-pulmonar. Esta página tem o valor mais recente registado, um gráfico de dados históricos e indicadores relacionados para Incidência de Tuberculose (por 100 000 pessoas) no Paquistão. (Taha et al., 2009)

Epidemiologia da tuberculose no Paquistão

Há poucos dados epidemiológicos fiáveis disponíveis para o Paquistão, embora a tuberculose seja considerada uma das principais causas de problemas de saúde. (Khan, 2001) Estima-se que a taxa de incidência anual de casos de tuberculose infecciosa se situe entre 85-100/100.000 pessoas. Anualmente, cerca de 120.000 novos casos de tuberculose são acrescentados ao número existente de indivíduos infecciosos. Algumas zonas do país registam valores muito mais elevados, como o Norte do Paquistão, onde se observou uma prevalência de 554/100.000 casos. (Alvi et al., 1998)

Tal como noutros países em desenvolvimento, os grupos etários jovens são os mais afectados. Os doentes do sexo masculino são mais numerosos do que os do sexo feminino na maioria dos grupos etários, exceto nos adolescentes. Com base nas estimativas do fardo da doença, a tuberculose representa 5% do total de DALY (anos de vida ajustados por incapacidade). O que indica que o fardo da tuberculose no Paquistão é substancialmente mais elevado do que a média mundial de 3%.

Comparação entre géneros

Os dados mostraram que havia 70,9% de homens e 29,1% de mulheres entre os doentes diagnosticados com tuberculose com idades compreendidas entre os 17 e os 67 anos no Paquistão. A comparação entre géneros revela uma maior percentagem de homens do que de mulheres. Uplekar et al., (2001), registaram um excesso de 70% de casos de tuberculose masculinos em relação aos femininos em todo o mundo, todos os anos, não sendo claras as razões para esta diferença. De um modo geral, as mulheres dos países pobres enfrentam mais obstáculos do que os homens no acesso aos serviços de saúde. No entanto, faltam estudos que expliquem o impacto das desigualdades de género no acesso aos cuidados de saúde sobre as taxas de incidência da tuberculose entre os sexos. Uma análise da limitada literatura disponível e visitas de campo a programas de Tuberculose ofereceram ideias e sugeriram um quadro para estudar os diferenciais de género na Tuberculose. Este considera o papel do género em várias etapas de um tratamento eficaz da tuberculose. Além disso, Haq et al. (2002) registaram 68% de doentes com tuberculose do sexo masculino e 32% do sexo feminino. A OMS, (2004), registou aproximadamente 67% de doentes com tuberculose do sexo masculino. Além disso, Bitar et al., (2001), referiram 70% de homens com um rácio homem-mulher de 2:8. Relativamente a várias outras caraterísticas demográficas e clínicas, faltavam informações para uma proporção importante de casos. As possíveis razões podem dever-se aos factos relatados por Jiménez, (2006). que descreveu que os países de baixo rendimento têm duas vezes mais casos de tuberculose entre os homens do que entre as mulheres. Uma diferença geralmente atribuída a caraterísticas biológicas e epidemiológicas, bem como a barreiras socioeconómicas e culturais no acesso aos cuidados de saúde.

A Tuberculose pulmonar e extra-pulmonar

Foram recolhidas 84,30% amostras pulmonares e 15,69% extra-pulmonares de doentes com tuberculose.

Os doentes com Tuberculose pulmonar foram diagnosticados através da recolha de amostras biológicas de expetoração, lavado brônquico e pús, enquanto a Tuberculose extra pulmonar foi identificada por isolados clínicos de pús, sangue e fluidos de biopsia. Bitar et al., (2001), relataram uma maioria de 89% (n=607;) casos de Tuberculose pulmonar, 6% (n-39) de Tuberculose extra-pulmonar (EPTuberculose); e 5% (n-37) casos para os quais o local da doença era desconhecido.

Controlo da tuberculose no Paquistão

O primeiro inquérito foi efectuado no Paquistão em 1962. Os esforços de colaboração do Ministério da Saúde, do Governo do Paquistão, foram frutuosos e conclusivos. OMS e UNICEF para um programa de controlo da tuberculose com a duração de vinte anos. Este programa centrou-se na criação de centros especializados de tuberculose e de enfermarias especiais de tuberculose nos hospitais DHQ. Em 1985, a UNICEF retirou o seu apoio financeiro. Em 1993, a OMS declarou a tuberculose uma emergência mundial e o Governo do Paquistão aprovou a estratégia DOTS. Em 1994, o Ministério da Saúde, em colaboração com a OMS, reviu a política de controlo da tuberculose. Foram elaboradas diretrizes técnicas e políticas nacionais, mas até à data ainda não existe qualquer projeto de diretrizes operacionais. Em 1995, o Ministério da Saúde decidiu a localização de 5 sítios-piloto DOTS, mas apenas 1 sítio ficou operacional. O Programa Nacional Federal de Controlo da Tuberculose (PNCT) preparou um plano de desenvolvimento altamente centralizado e vertical para um ano de vida. Uma vez que as províncias manifestaram algumas reservas relativamente ao plano, este não foi aprovado. Em 1996, a Direção para o Controlo da Tuberculose do Paquistão foi abolida e o Ministério da Saúde do Centro de Tuberculose de Rawalpindi passou a ser responsável pelo Programa Nacional de Controlo da Tuberculose, mas sem qualquer apoio adicional. Em 1998, o Paquistão foi declarado um dos 16 países sem um PNCT adequado. Recentemente, foi decidido que cada província seria responsável pelo planeamento e gestão do seu próprio PNT, de acordo com as orientações do PNT federal. O financiamento dos planos será fornecido através do Segundo Projeto do Programa de Ação Social II (SAPP II).

Programa Nacional de Controlo da Tuberculose Paquistão

Dada a magnitude do problema da tuberculose no Paquistão, bem como a dimensão do país, um programa vertical de controlo da tuberculose é financeiramente proibitivo e difícil de manter. Recentemente, optou-se pela integração do programa de controlo da tuberculose nos cuidados de saúde primários, como solução para as suas deficiências técnicas e de gestão. Para o efeito, é necessário criar uma rede de laboratórios, bem como um sistema que garanta a qualidade da baciloscopia da expetoração.

REFERÊNCIAS

Alvi, A., Hussain, S. & Shalt, W.(1998). Prevalência da tuberculose pulmonar no teto do mundo. Int I Tubercle Lung Dis; 2 : 909-13.

Bitar D., A. Infuso, P. Barboza. EuroTuberculosis, H. Heersma, K. Kremer e D. van Soolingen, M. Fauville-Dufaux, M. Havelkova, V. Prikazsky. T. Lillebaeck. C. Gutierrez. T. Kubica, S. Niemann. L. Brum. M. J. Iglesias, C. Martin, S. Samper. S. Ghebremichael. (2001). Clustering of multi-drug resistant Tuberculosis cases from nine European countries, 1998-2001, Institut de Veille Sanitaire, Saint-Maurice Franc

DAHW (Deutsche Lepra- und Tuberkulosehilfe e.V.). Associação alemã de luta contra a lepra e a tuberculose Mariannhillstr. 1c 97074 Würzburg Alemanha T.: +49 (0)931/ 7948-0, F.: +49 (0)931/ 7948-160, E.: info@dahw.de

Haq Mu Awan SR Khan SU Saeed S Iqbal R Shabbir I Magsi J. (2002). Padrão de sensibilidade do *Mycobacterium Tuberculosis* em Lahore (Paquistão). Anais do KEMC;8(3) 190-93

Jiménez-Corona ME, García-García L, DeRiemer K, Ferreyra-Reyes L, Bobadilla-del-Valle M, Cano- Arellano B, Canizales-Quintero S, Martinez-Gamboa A, Small PM, Sifuentes-Osornio J, Ponce-de-León A. (2006). Diferenciais de género na transmissão e reativação da Tuberculose pulmonar numa área endémica. Thorax. 2006 Apr;61(4):348-53. Epub.

Khan MY, Kinsara AJ, Osoba AO, (2001). Aumento da resistência do M. Tuberculosis aos medicamentos anti-Tuberculosis na Arábia Saudita. Int J Antimicrob Agents 2001 May;17(5):415-8.

Pedro HD, Nardi SM, Pereira MI, Oliveira RS, Suffys PN, Gomes HM, Finardi AJ, Moraes EB, Batista IM, Machado RL, Castiglioni L (2015) Perfil clínico e epidemiológico de indivíduos com tuberculose drogarresistente. Mem Inst Oswaldo Cruz. 2015 Mar 31:0.

Singh A, Gopinath K, Sharma P, Bisht D, Sharma P, Singh N, Singh S (2015) Análise proteómica comparativa de isolados sequenciais de Mycobacterium tuberculosis de um doente com tuberculose pulmonar que passou de sensível a medicamentos para multirresistente. Indian J Med Res. 2015 Jan;141(1):27-45.

Taha Nazir, Abdul Hameed, Javed Anver Qureshi, Bashir Ahmad e Suraj Abraham. Rifampicin resistance profile of mycobacterium Tuberculosis Isolated from human patients. Proc. Pakistan Acad. Sci. 46(3):131-136. 2009

Uplekar MW, Rangan S, Weiss MG, Ogden J, Borgdorff MW (2001). Atenção às questões de género no controlo da tuberculose. International Journal of Tuberculosis and Lung Disease, 5(3):220-24.

OMS. (2004). Organização Mundial de Saúde Vigilância da Tuberculose resistente aos medicamentos no Sudeste Asiático. Relatório de um curso de formação inter-países Banglore, Índia, 21, SEA-HLM-383 SEA-Tuberculosis-270.

Capítulo 2

parceria da organização mundial de saúde para o controlo da tuberculose no paquistão

A tuberculose constitui um importante desafio para a saúde pública. Devido ao aparecimento de lírios, ao aumento da migração e à deterioração dos serviços de saúde em muitos países, a incidência aumentou tão drasticamente nos últimos anos que a tuberculose foi declarada uma emergência mundial pela OMS em 1993. (OMS, 1998) Sem um maior investimento em estratégias de intervenção, prevê-se que a situação da tuberculose a nível mundial se agrave num futuro próximo. (MeKinney et al., 1998)

Apoio da OMS ao controlo da tuberculose no Paquistão

A OMS tem estado a apoiar o programa nacional de tuberculose desde 2001. O apoio centra-se no reforço das capacidades a todos os níveis: nacional, provincial e distrital. Em particular, o apoio tem sido prestado nas seguintes áreas:

1. Avaliação do programa
2. Assistência técnica para a gestão da tuberculose MDR
3. Mobilização de recursos através da Iniciativa Conjunta "Uma das Nações Unidas
4. Apoio à investigação e ao desenvolvimento. (OMS, 2015)

O Gabinete do Representante da OMS no Paquistão apoia o Governo e as autoridades sanitárias no reforço dos serviços de saúde, na abordagem das questões de saúde pública e no apoio e promoção da investigação no domínio da saúde. Médicos, especialistas em saúde pública, cientistas, cientistas sociais e epidemiologistas prestam apoio técnico e colaboração adequados a pedido ou aceitação das autoridades nacionais.

Como principal agência de saúde, a OMS trabalha com muitos parceiros para apoiar os países na consecução dos seus objectivos nacionais de desenvolvimento da saúde e para assegurar a coordenação dos seus esforços. Em toda a Região, estes incluem agências das Nações Unidas, parceiros humanitários e de desenvolvimento, doadores, organizações não governamentais, centros colaboradores da OMS e o sector privado. A OMS trabalha com a Comissão de Planeamento do Paquistão para chegar a acordo sobre o programa de trabalho de colaboração entre a OMS e o Governo do Paquistão a nível federal e para promover a inclusão da saúde em todas as políticas e planos de desenvolvimento nacional. A OMS também trabalha com o Ministério da Coordenação Interprovincial, para assegurar a coordenação das questões de saúde com as autoridades de saúde provinciais, e com a Divisão de Assuntos Económicos para a coordenação dos doadores.

No entanto, desde a 18ª Emenda à Constituição do Paquistão, os departamentos de saúde provinciais tornaram-se os principais intervenientes tanto no planeamento como na execução do programa de saúde e na prestação de serviços. Desde a criação da sua delegação no Paquistão, em 1960, a OMS tem prestado uma vasta gama de apoio técnico ao Governo do Paquistão. Este apoio tem sido prestado principalmente no sector da saúde, numa vasta gama de actividades relacionadas com a saúde, desde a política, o planeamento estratégico, o sistema de saúde e o desenvolvimento comunitário, a promoção da saúde e o controlo das doenças transmissíveis. Trabalhando no quadro geral do mandato da OMS e em conformidade com as prioridades e responsabilidades governamentais, foram elaboradas estratégias de cooperação com os países por períodos de seis anos, reflectindo a visão estratégica a médio prazo. Além disso, foram elaborados programas conjuntos de colaboração para cada biénio, a fim de delinear áreas específicas de cooperação entre os dois parceiros. As principais áreas de colaboração da OMS com o Governo do Paquistão são o apoio técnico para:

1. política e reformas do sector da saúde
2. reforço do sistema de saúde, incluindo o reforço das capacidades da mão de obra no sector da saúde
3. Programa Alargado de Imunização e Iniciativa de Erradicação da Poliomielite

4. Sistema de alerta precoce de doenças
5. controlo da tuberculose, do VIH/SIDA e da malária
6. planeamento familiar e cuidados de saúde primários
7. preparação para situações de emergência e assistência humanitária
8. fornecimento de medicamentos essenciais
9. assistência no fornecimento de água potável e noutras questões de saúde ambiental
10. iniciativas de base comunitária
11. prevenção e controlo das doenças não transmissíveis, incluindo a Iniciativa para a Eliminação do Tabaco, a promoção de estilos de vida saudáveis, a prevenção da cegueira evitável e a saúde mental.

Através da iniciativa "Delivering as One" das Nações Unidas no Paquistão, a OMS está também a convergir os esforços de mais de 12 agências, gabinetes e fundos das Nações Unidas nos sectores da saúde e da população para ajudar a alcançar os Objectivos de Desenvolvimento do Milénio.

REFERÊNCIAS

OMS (2015) Representante da OMS, PO Box 1013 Islamabad Paquistão. +92 51 9255184-5, 9255077, 8432400 http://www.emro.who.int/pak/programes/stop-Tuberculosis.html

Trading Economics (2016) Incidência de Tuberculose (por 100;000 pessoas) no Paquistão. Nova Iorque | Lisboa. USA +16465938917 http://www.tradingeconomics.com/pakistan/incidence-of-Tuberculosis-per-100- 000-people-wb-data.html

OMS/Tuberculose/94.177. Tuberculose: uma emergência mundial. Genebra, OMS 1994.

MeKinney J, Jacobs Jr W, Bloom B. Persisting problems in Tuberculosis (Problemas persistentes na tuberculose). In: Emerging Infections, NY Academic press, 1998. pp. 51-146.

Khan KS. Setting health care priorities in Pakistan, J. Pak. Med. Assoc., 1995, 45: 222-27.

Alvi A, Uussain S. Shalt W, et al. Prevalência da tuberculose pulmonar no teto do mundo. Int i Tubercle Lung Dis, 1998,2 : 909-13.

Banco Mundial. Unidade de Saúde, Nutrição e População, Região do Sudeste Asiático. Pakistait' towards a health sector sti ategy. Relatório nº 16. 695 Paquistão, 1998.

DAHW (Associação Alemã de Assistência aos Doentes de Lepra e Tuberculose). (2016) Associação Alemã de Socorro à Lepra e à Tuberculose, Mariannhillstr. 1c 97074 Wurzburg Alemanha Telefone: +49 (0)931/ 7948-0, Fax: +49 (0)931/ 7948-160, Email: info@dahw.de

Capítulo 3

SUSCEPTIBILIDADE E PADRÃO DE RESISTÊNCIA DO MYCOBACTERIUM TUBERCULOSIS AOS MEDICAMENTOS ANTI-TUBERCULOSE DA 1ª LINHA

No Paquistão, 70,9% dos doentes com tuberculose eram do sexo masculino e 29,1% do sexo feminino, com idades compreendidas entre os 17 e os 67 anos. A comparação entre géneros revela uma maior percentagem de homens do que de mulheres. Uplekar et al. (2001) registaram um excesso de 70% de casos de tuberculose masculinos em relação aos femininos por ano a nível mundial, não sendo claras as razões para esta diferença. De um modo geral, as mulheres dos países pobres enfrentam mais obstáculos do que os homens no acesso aos serviços de saúde. No entanto, faltam estudos que expliquem o impacto das desigualdades de género no acesso aos cuidados de saúde sobre as taxas de incidência da tuberculose entre os sexos. Uma análise da limitada literatura disponível e visitas de campo a programas de Tuberculose ofereceram ideias e sugeriram um quadro para estudar os diferenciais de género na Tuberculose. Este considera o papel do género em várias etapas de um tratamento eficaz da tuberculose. Além disso, Haq et al. (2002) registaram 68% de doentes com tuberculose do sexo masculino e 32% do sexo feminino. O Relatório n.º 2 da OMS/ IUALTD, (2000), referiu que cerca de 67% dos doentes com tuberculose eram do sexo masculino. Além disso, Bitar et al., (2001), referiram 70% de homens com um rácio homem-mulher de 2:8. Relativamente a várias outras caraterísticas demográficas e clínicas, faltavam informações para uma proporção importante de casos. As possíveis razões podem dever-se aos factos relatados por Jiménez, (2006). que descreveu que os países de baixo rendimento têm duas vezes mais casos de tuberculose entre os homens do que entre as mulheres. Uma diferença geralmente atribuída a caraterísticas biológicas e epidemiológicas, bem como a barreiras socioeconómicas e culturais no acesso aos cuidados de saúde.

Foram recolhidas 84,30% amostras pulmonares e 15,69% extra-pulmonares de doentes com tuberculose.

Os doentes com Tuberculose pulmonar foram diagnosticados através da recolha de amostras biológicas de expetoração, lavado brônquico e pús, enquanto a Tuberculose extra-pulmonar foi identificada por isolados clínicos de pús, sangue e fluidos de biopsia. Bitar et al., (2001), relataram uma maioria de 89% (n=607;) de casos com tuberculose pulmonar, 6% (n-39) de tuberculose extra-pulmonar e 5% (n-37) de casos para os quais o local da doença era desconhecido.

Sensibilidade/resistência do M. Tuberculosis aos medicamentos anti-Tuberculose de 1ª linha

A concentração inibitória mínima padrão dos fármacos anti-Tuberculose rifampicina, isoniazida, etambutol e pirazinamida foi de 40 µg/ml, 0,2µg/ml, 2µg/ml e 100µg/ml, respetivamente. Estas concentrações podem ser incorporadas nos meios de cultura e consideradas como linha de fronteira para a declaração de micobactérias sensíveis ou resistentes. As complicações clínicas, como o enfisema e a cavitação extensa, permitem o desenvolvimento de uma grande população num compartimento no qual os fármacos não podem penetrar. Este grande pool bacteriano aumenta a população para mutação e, com uma penetração deficiente, há uma maior probabilidade de surgimento de resistência. Uma situação semelhante pode desenvolver-se em doentes com doença extensa ou imunidade deficiente (Stephen, 2002). O controlo da tuberculose continua a enfrentar grandes desafios no Paquistão. Uma das máximas do controlo da tuberculose tem sido a terapia inadequada, que é pior do que a ausência de terapia. Está estabelecido que um tratamento incompleto da tuberculose resultaria em elevadas taxas de insucesso e na rápida criação de resistência aos medicamentos (Rizwan et al., 2003). A tuberculose resistente aos medicamentos está a aumentar de dia para dia e constitui uma ameaça significativa para o controlo da tuberculose, uma vez que existem poucos medicamentos eficazes contra o Mycobacterium Tuberculosis (Bengisun et al., 2000). A associação entre a duração do tratamento e a resistência aos medicamentos pode refletir um tratamento mais longo em resultado do insucesso do tratamento em doentes com resistência aos medicamentos; pode também refletir um tratamento anterior irregular da tuberculose, que conduziu à resistência aos medicamentos (Espinal et al., 2001).

Sensibilidade do *Mycobacterium Tuberculosis* à Rifampicina

Durante um estudo realizado no Paquistão, foram recolhidas amostras clínicas de *Mycobacterium Tuberculosis* de doentes diagnosticados com tuberculose. 21,5% das estirpes foram consideradas resistentes e 78,5% sensíveis à rifampicina. (Taha et al., 2010; OMS/ IUALTD, 2000), relataram a resistência à rifampicina na Índia (25%) e na Estónia (39%). A resistência aos medicamentos complica os esforços de controlo da tuberculose. Para além da tuberculose MDR, o aumento da resistência à rifampicina é alarmante (Haq et al., 2002). Além disso, Herendra & Shah, (1998), admitiram 20-30% de resistência à rifampicina. Rizwan et al., (2003), referiram um total de 678 isolados confirmados de Mycobacterium Tuberculosis sujeitos a resistência a fármacos anti-tuberculose. Foram estudados cinco fármacos anti-Tuberculose para determinar o padrão de sensibilidade aos fármacos. Estes incluem a rifampicina, a isoniazida, a pirazinamida, a estreptomicina e o etambutol. 53% dos isolados eram resistentes a um ou mais fármacos anti-tuberculose, a resistência à rifampicina foi de 28%, enquanto a resistência à MDR foi de 16%. A resistência primária e adquirida foi de 16% e 44% para a rifampicina. Verificou-se uma diferença estatisticamente significativa entre a resistência primária e a adquirida. Verifica-se que o controlo da tuberculose pode ser alcançado com uma maior concentração na deteção precoce de casos e no tratamento imediato. A expansão global do DOTS é hoje em dia a estratégia padrão para um controlo eficaz da tuberculose. Miah et al. (2000) registaram uma resistência global de 30% no Bangladesh. Esta revelou 11% de resistência à rifampicina com 5% de estirpes MDR. Sumathi & Srivastava, (2004), que efectuaram um estudo para estabelecer um método rápido e preciso de teste de suscetibilidade para Mycobacterium Tuberculosis utilizando três métodos, apresentaram resultados semelhantes. Conceberam o método da proporção por diluição em ágar Middlebrook 7H11, o método da proporção utilizando o meio convencional Lowenstein-Jensen (L-J) e o método da tira de teste E. 67 (89,3%) isolados eram sensíveis à rifampicina pelos três métodos, respetivamente, e 6 (8,0%) isolados eram resistentes à rifampicina pelos três métodos. Das 75 amostras, 52 (69,3%) eram sensíveis a todos os 5 fármacos pelo método da proporção média L-J. 49 (65,3%) foram sensíveis a todos os cinco fármacos pelos três métodos. Um (1,3%) isolado foi resistente a todos os cinco fármacos pelos três métodos. A possível razão da diferença de resultados pode residir nos factos da prioridade dos objectivos da investigação, da metodologia adoptada e do protocolo proposto para a realização do projeto. Também há factores demográficos e socioeconómicos que influenciam os resultados da investigação.

Tabela: Nível de resistência (em % de idade) do *Mycobacterium Tuberculosis* resistente à rifampicina

Nível de rifampicina no LJ Media	Rifampicina ug/ ml	Percentagem de resistência	Percentagem válida	Percentagem acumulada
1	40	100		
2	80	100		
3	120	40.541	40.541	40.541
4	160	35.135	35.135	75.676
5	200	18.919	18.919	94.595
5+	200+	5.405	5.405	100
	Total	100	100	

Sensibilidade do *Mycobacterium Tuberculosis* à isoniazida

0,2pg/ml é uma concentração óptima de isoniazida que pode ser incorporada no meio. Esta concentração é considerada como a linha de fronteira para a declaração de Mycobacterium sensível ou resistente. Um estudo registou 14,5% de estirpes resistentes e 85,5% sensíveis à isoniazida do total de isolados clínicos de Mycobacterium Tuberculosis no Paquistão. (Taha et al., 2011) Por sua vez, a OMS/ IUALTD, (2000), registou 19,4% de resistência à isoniazida na Federação Russa, 11,3% de resistência na China e 15,4% de resistência na Índia. O CCDR (Canada Communicable Disease Report), (2004), registou 9,3% de resistência à isoniazida.

Tabela: Nível de resistência (em % de idade) das *micobactérias* resistentes à isoniazida *Tuberculose*

Níveis de isoniazida nos meios LJ	Isoniazida ug/ ml	Percentagem de resistência	Percentagem válida	Percentagem acumulada
1	0.2	100		
2	0.4	100		
3	0.6	36	36	36
4	0.8	28	28	64
5	1	24	24	88
5+	1 +	12	12	100
	Total	100	100	

A possível razão da diferença de resultados pode residir no facto de existirem diferenças nos padrões de vida, nas instalações de saúde, nas condições gerais de higiene e na estrutura socioeconómica. Além disso, Herendra & Shah, (1998), referiram 20-30% de resistência à isoniazida. Stephen, (2002), por seu lado, referiu que algumas condições fisiológicas podem induzir um estado de hipermutabilidade, tornando mais provável a existência de resistências múltiplas. O pressuposto de que os organismos resistentes são menos aptos do que as estirpes de tipo selvagem pode não ser correto, uma vez que os défices iniciais de aptidão podem ser atenuados pela adaptação através de passagens múltiplas. Os casos de resistência à isoniazida, em que a virulência atenuada é comum, podem ocorrer porque o mecanismo molecular de resistência afecta diretamente um sistema necessário ao organismo para a sobrevivência intracelular. A lição importante que estes estudos clínicos e moleculares nos ensinam é que os organismos resistentes serão, com o tempo, totalmente virulentos e que, se quisermos evitar uma epidemia de tuberculose resistente a múltiplos fármacos, temos de tomar medidas para garantir que todos os doentes são diagnosticados e tratados eficazmente, de modo a que não se criem e transmitam estirpes resistentes na comunidade. Miah et al. (2000) registaram 15,8% de resistência à isoniazida e 5% de resistência a múltiplos fármacos no Bangladesh. Por sua vez, Sumathi & Srivastava, (2004), relataram um método rápido e exato de teste de suscetibilidade para Mycobacterium Tuberculosis utilizando três métodos: método de proporção por diluição em ágar Middlebrook 7H11, método de proporção utilizando o meio convencional Lowenstein-Jensen (L-J) e método da tira de teste E. Um total de 56 (74,7%) isolados eram sensíveis e 11 (14,7%) eram resistentes à isoniazida pelos três métodos. 11 24 (14,7%) isolados foram considerados resistentes à isoniazida pelos três métodos. 49 (65,3%) eram sensíveis a todos os cinco fármacos pelos três métodos. Um (1,3%) isolado foi resistente a todos os cinco medicamentos pelos três métodos. Rizwan et al., (2003), relataram um total de 678 isolados confirmados de Mycobacterium Tuberculosis sujeitos a resistência a medicamentos contra a tuberculose. Foram estudados cinco fármacos anti-tuberculose para determinar o padrão de sensibilidade aos fármacos. Estes incluem a rifampicina, a isoniazida, a pirazinamida, a estreptomicina e o etambutol. 53% dos isolados eram resistentes a um ou mais fármacos anti-tuberculose. A resistência à isoniazida foi de 26%, enquanto a resistência ao 5MDR foi de 16%. A resistência primária e adquirida foi de 20% e 33% para a isoniazida.5 Verificou-se uma diferença estatisticamente significativa entre a resistência primária e a adquirida.

Sensibilidade do Mycobacterium Tuberculosis ao Etambutol

A concentração crítica de Etambutol que pode ser mantida no meio para ser considerada como limite para a declaração de resistência é de 2µg/ml. Taha et al (2010) registaram 5,8% de estirpes resistentes e 94,2% de estirpes sensíveis ao etambutol do total de isolados clínicos de Mycobacterium Tuberculosis no Paquistão.

Tabela: Nível de resistência (em % de idade) de *Mycobacterium tuberculosis* resistente ao etambutol

Níveis de etambutol nos meios de LJ	Etambutol ug/ ml	Percentagem de resistência	Percentagem válida	Percentagem acumulada
1	2	100		
2	4	100		
3	6	50	50	50
4	8	30	30	80
5	10	20	20	100
	Total	100	100	

A OMS/ IUALTD, 2000, comunicou que a resistência ao etambutol era de 5,8% no Irão e de 4,1% na China. Bitar et al., 2001, registaram 4,4% de resistência ao etambutol. Por outro lado, Khan et al (2001), que referiram que a resistência aos medicamentos na Arábia Saudita aumentou acentuadamente nos últimos 5 anos, exceto no que diz respeito à pirazinamida e ao etambutol, que apresentam uma resistência de 8% e 7%. Por sua vez, Miah et al. (2000) registaram 2,7% de resistência ao etambutol no Bangladesh. Além disso, Sumathi & Srivastava, (2004), relataram um estudo para estabelecer um método rápido e exato de teste de suscetibilidade para Mycobacterium Tuberculosis. 70 (93,3%) isolados eram sensíveis e 2 (2,7%) isolados eram resistentes ao etambutol pelos três métodos. Rizwan et al., (2003), relataram uma pesquisa indígena de 53% de resistência a um ou mais fármacos contra a tuberculose e a resistência ao etambutol foi de 15%. A resistência primária e adquirida foi de 512% e 19% para o etambutol. Foi observada uma diferença estatisticamente significativa entre a resistência primária e a adquirida. Por outro lado, Bertram, (2004), confirmou a resistência do Mycobacterium Tuberculosis ao etambutol.

Sensibilidade do Mycobacterium Tuberculosis à pirazinamida:

O padrão de suscetibilidade dos doentes com tuberculose à pirazinamida foi de 27,3% de resistência e 72,7% de sensibilidade do total de isolados clínicos de Mycobacterium Tuberculosis. (Taha et al., 2008)

Tabela: Nível de resistência (em % da idade) da *Mycobacterium tuberculosis* resistente à pirazinamida

Níveis de droga nos meios LJ	Pirazinamida ug/ ml	% de resistência	Percentagem válida	Percentagem acumulada
1	100	100		
2	200	100		
3	300	27.660	27.660	27.660
4	400	25.532	25.532	53.191
5	500	31.915	31.915	85.106
5+	500+	14.894	14.894	100
	Total	100	100	

Bitar et al., (2001), registaram 25% de resistência à pirazinamida (um terço dos casos com informação em falta). Joal (2001) registou a prevalência da resistência e a compreensão do nível molecular da resistência à pirazinamida. Em contrapartida, Rizwan et al., 2003, registaram um total de 678 isolados confirmados de Mycobacterium Tuberculosis sujeitos a resistência a medicamentos antituberculose. Foram estudados cinco fármacos anti-tuberculose - rifampicina, isoniazida, pirazinamida, estreptomicina e etambutol - para determinar o padrão de sensibilidade aos fármacos. A resistência à pirazinamida foi de 29% e 53% dos isolados eram resistentes a um ou mais fármacos anti-tuberculose. A resistência primária e adquirida foi de 19% e 39% para a pirazinamida, tendo-se registado uma diferença estatisticamente significativa entre a resistência primária e a adquirida.

Perfil de mono-resistência aos medicamentos anti-Tuberculose de 1ª linha

A resistência a monofármacos do Mycobacterium Tuberculosis foi estudada em relação a medicamentos anti-Tuberculose de primeira linha. A comparação global revelou 25,71% de estirpes resistentes à rifampicina, 8,57% de estirpes resistentes à isoniazida, 2,85% de estirpes resistentes ao etambutol e 62,85% de estirpes resistentes à pirazinamida (Nazir et al., 2015). Helen, (2002), registou resultados semelhantes em 2002. 268 (69,6%) do total de 385 casos de tuberculose foram registados pelos laboratórios de referência de micobacteriologia como cultura positiva. Estavam disponíveis resultados de testes de suscetibilidade antimicrobiana para todos os 268 isolados, que incluíam 264 Mycobacterium Tuberculosis e quatro isolados de M. bovis. A proporção de isolados resistentes à isoniazida é de 9,7%, à rifampicina 1,5%, ao etambutol 1,9% e à pirazinamida 4,1%. Nos últimos oito anos, registou-se uma tendência para o aumento da resistência à estreptomicina (p=0,0078). A resistência à isoniazida e à pirazinamida flutuou, ao passo que a resistência à rifampicina e ao etambutol se manteve relativamente estável e permaneceu <2%. Foram observadas diferenças significativas no perfil de resistência da rifampicina e da pirazinamida. As razões possíveis podem residir no facto de haver diferenças nos padrões de vida, nas instalações de saúde, nas condições gerais de higiene e na estrutura socioeconómica de Auckland, na Nova Zelândia, e do Paquistão. Um estudo indígena realizado por Rizwan et al., (2003), referiu que o controlo continua a enfrentar grandes desafios. Um total de 678 isolados confirmados de Mycobacterium Tuberculosis foram submetidos a testes de resistência a medicamentos contra a tuberculose. Foram estudados cinco fármacos anti-Tuberculose para determinar o padrão de sensibilidade aos fármacos. A resistência a monofármacos foi mais elevada para a pirazinamida (6%), seguida da rifampicina, da isoniazida, do etambutol e da estreptomicina (4%, 3,6%, 1,9% e 1,7%, respetivamente).A resistência à rifampicina foi de 28%, à isoniazida de 26%, à estreptomicina de 24%, à pirazinamida de 29%, ao etambutol de 15%, enquanto a resistência à MDR foi de 16%.5 Verifica-se que o controlo da tuberculose pode ser alcançado com uma maior atenção à deteção precoce de casos e ao tratamento imediato. A expansão global do DOTS é atualmente uma estratégia normalizada para o controlo eficaz da tuberculose.

Perfil de poli-resistência aos medicamentos anti-Tuberculose de 1ª linha

O perfil de poli-resistência das estirpes indígenas de Mycobacterium Tuberculosis foi estudado com base na resistência a dois, três ou todos os quatro fármacos anti-Tuberculose de primeira linha. De acordo com os resultados obtidos, 20,35% das estirpes de Mycobacterium Tuberculosis são resistentes a um único fármaco, 9,30% são resistentes a dois fármacos anti-Tuberculose, 4,65% são resistentes a três fármacos anti-Tuberculose e 4,07% são resistentes a todos os quatro fármacos anti-Tuberculose de 1ª linha. 19,35% das estirpes de Mycobacterium Tuberculosis eram resistentes à rifampicina e à isoniazida, 22,58% das estirpes eram resistentes à isoniazida e à pirazinamida, 3,22% das estirpes eram resistentes ao etambutol e à pirazinamida, 6.45% de estirpes resistentes à isoniazida e à pirazinamida, 22,58% de estirpes resistentes à rifampicina, à isoniazida e à pirazinamida, 3,22% de estirpes resistentes à rifampicina, ao etambutol e à pirazinamida e 22,58% de estirpes resistentes a todos os quatro medicamentos de primeira linha. 11,62% das estirpes de Mycobacterium Tuberculosis eram multirresistentes (minimamente resistentes à rifampicina e à isoniazida). Estes resultados são consistentes com os da CCDR (2004), que registou 12,5% de resistência a um ou mais medicamentos anti-tuberculosos de primeira linha. 1,5% de estirpes de tuberculose multirresistentes (MDR-Tuberculosis). O número de isolados notificados em 2003 manteve-se relativamente inalterado em relação ao ano anterior (1420 isolados em 2002 e 1379 isolados em 2003).34 Com a crescente preocupação mundial relativamente à resistência aos medicamentos contra a tuberculose, este sistema de vigilância é vital para fornecer atempadamente os dados necessários para monitorizar a tendência da resistência aos medicamentos contra a tuberculose no Canadá. As razões da diferença entre a prevalência da resistência tuberculosa indígena e canadiana podem residir no facto de o sistema canadiano de monitorização de medicamentos ser excelente, na vigilância quimioterapêutica e num padrão de saúde apreciável. Isik Johnsson et al., (1995), devido ao facto de o padrão de resistência ser aproximadamente semelhante. Rizwan et al., (2003), por sua vez, registaram a percentagem de isolados resistentes a dois ou mais fármacos anti-tuberculose, juntamente com a comparação da resistência primária e adquirida aos fármacos. O perfil de poli-resistência do Mycobacterium Tuberculosis é de 14,6% (99) de resistência a quaisquer dois fármacos, 8,11% (55) de resistência a quaisquer três fármacos, 5% (34) de resistência a quaisquer quatro fármacos e 4,71% (32)

de resistência a quaisquer cinco fármacos. 5% dos doentes com tuberculose eram resistentes a quatro fármacos, o que é bastante alarmante. Hemvani et al., (2001), referiram que a resistência na Índia é mais elevada a estes medicamentos, com exceção da rifampicina, que é comparável a 25%, e que a MDR era de 8,1%, o que é baixo em comparação com os 19,4% do presente estudo. A prevalência global da resistência aos medicamentos é de 37% na Estónia, enquanto no presente estudo é de 38,37. A prevalência de MDR é de 18% na Estónia, o que é comparável a 19,4% no presente estudo. Além disso, Espinal et al., (2001), referiram que a prevalência global de MDR é de 18% na Estónia, o que é comparável a 19,4% no presente estudo.5 Alguns países como a província de Henan na China, a Letónia e a Rússia têm MDR de 10,8%, 9% e 9%, respetivamente. No Irão, em Tomsk e na província de Zhejiang, na China, a RDM é de 5%, 6,5% e 4,5%. No entanto, em França e nos Estados Unidos, a MDR diminuiu significativamente. A possível diferença pode residir na diferença das instalações de saúde e da estrutura socioeconómica. A OMS/ IUALTD, (2000), referiu que a resistência a um único medicamento antituberculose é de 13,7% na China, 18,1% na Federação Russa e 12,9% na Estónia, a resistência a dois medicamentos antituberculose é de 11,6% na China, 10,5% na Federação Russa e 9,3% na Estónia.3% na Estónia, 5,6% na Índia, 4,7% na Federação Russa, 3,4% na China e 3,7% no Irão, 5,7% na China, 6,2% na Federação Russa e 3% na China. Os casos multirresistentes foram de 12,3% na Federação Russa, 9,4% na China e 10,8% de resistência no México. Além disso, Helen Heffernan (2002) estudou a vigilância da resistência aos medicamentos contra a tuberculose com base nos resultados dos testes de suscetibilidade dos isolados nos laboratórios de referência de micobacteriologia dos hospitais de Auckland, Wellington e Waikato. Os resultados dos testes de suscetibilidade antimicrobiana17 estavam disponíveis para todos os 268 isolados, que incluíam 264 Mycobacterium Tuberculosis e quatro isolados de M. bovis. Havia 32 (11,9) resistentes a qualquer agente, 11 (4,1) resistentes a quaisquer 2 agentes, 1 (0,4) resistente a quaisquer 3 agentes, 1 (0,4) resistente a todos os 4 agentes. Os doentes infectados com organismos resistentes à rifampicina têm uma elevada taxa de insucesso do tratamento quando recebem uma terapêutica de curta duração (**Dikinson** & **Mitchison**, 1981). Os doentes com tuberculose MDR necessitam de pelo menos 18 meses de terapia5 ou continuam a ter tuberculose ativa apesar de uma terapia óptima (Christopher 2002). O peso global da tuberculose MDR é difícil de estimar, mas o número de casos de tuberculose MDR previamente calculado para o ano 2000 situa-se entre 185 000 e 414 000, o que representa cerca de 3% de todos os novos casos de tuberculose. De acordo com estas estimativas, a Estónia é a capital mundial da TBMR, com 14% de todos os novos casos de tuberculose como TBMR. Em 1995, registámos taxas crescentes de resistência à isoniazida e à rifampicina, quatro vezes superiores às taxas anteriormente registadas no México (Sifuentes-Osornio et al., 2004). A resistência a múltiplos fármacos Tuberculose, resistência pelo menos à isoniazida e à rifampicina) é rara na Nova Zelândia, com uma incidência média anual de 0,7% (14 casos) registada nos oito anos desde que a vigilância nacional da resistência aos fármacos anti-Tuberculose começou em 1995. A possível razão da diferença dos resultados obtidos pode residir no facto de existirem grandes diferenças nos padrões de vida, nas instalações de saúde, nas condições gerais de higiene e na estrutura socioeconómica.

REFERÊNCIAS

Bengisun JS, Karnak D, Palabiyikoglu I, Saygun N. (2000). *Mycobacterium Tuberculosis* drug resistance in Turkey, 1976-97. Scand J Infect Dis; 32(5):507-21.

Bertram G. Katzung. (2004). Farmacologia Básica e Clínica. 9ª Edição (2004). The McGraw Hill companies, New York, USA p 782-790.

Bitar D., A. Infuso, P. Barboza. EuroTuberculosis, H. Heersma, K. Kremer e D. van Soolingen, M. Fauville-Dufaux, M. Havelkova, V. Prikazsky. T. Lillebaeck. C. Gutierrez. T. Kubica, S. Niemann. L. Brum. M. J. Iglesias, C. Martin, S. Samper. S. Ghebremichael. (2001). Clustering of multi-drug resistant Tuberculosis cases from nine European countries, 1998-2001, Institut de Veille Sanitaire, Saint-Maurice Franc

CCDR, 2004. Relatório sobre doenças transmissíveis no Canadá. Tuberculosis drugs resistance; summary report for (2003). Agência Canadiana da Saúde, Canadá. Vol. 30-10.

Dikinson J M, Mitchison D A. (1981) "Experimental models to explain the high sterilizing activity of rifampin in the chemotherapy of Tuberculosis", Am Rev Respir Dis (1981);123: pp. 367-71

Espinal MA, Laszlo A, Simonesen L, Boulahbal F,. (2001). Global trends in resistance to antiTuberculosis drugs. Organização Mundial de Saúde - Grupo de Trabalho da União Internacional contra a Tuberculose e as Doenças Pulmonares sobre a Vigilância da Resistência aos Medicamentos Anti-Tuberculose. N Eng J Med 26 de abril; 344(17):1294-1303.

Jiménez-Corona ME, García-García L, DeRiemer K, Ferreyra-Reyes L, Bobadilla-del-Valle M, Cano-Arellano B, Canizales-Quintero S, Martínez-Gamboa A, Small PM, Sifuentes-Osornio J, Ponce-de- León A. (2006). Diferenciais de género na transmissão e reativação da Tuberculose pulmonar numa área endémica. Thorax. 2006 Apr;61(4):348-53. Epub.

Haq Mu Awan SR Khan SU Saeed S Iqbal R Shabbir I Magsi J. (2002). Padrão de sensibilidade do *Mycobacterium Tuberculosis* em Lahore (Paquistão). Anais do KEMC;8(3) 190-93

Helen Heffernan (2002), Anti-Tuberculosis drug resistance, 2002. Ross Vaughan, Mycobacteriology Reference Laboratory, Auckland Hospital; Antibiotic Reference Laboratory. Grupo de Doenças Transmissíveis ESR Nova Zelândia

Hemvani N, Chitnis DS, Bhatia GC, Sharma N. (2001). Drug resistance among tubercle bacilli from pulmonary Tuberculosis cases in central India. Indian J Med Sci Jul; 55(7): 382-92.

Herendra Thakker e JR Sah. (1998). Multidrug resistance pulmonary Tuberculosis. Ind. J. Tub., **45**, 131

Isik Somuncu Johansen, Lundgren B., Sosnovskaja A. e Thomsen V.O. (2002). Deteção direta de *Mycobacterium Tuberculosis* multirresistente em amostras clínicas em países de baixa e alta incidência por ensaio de linha prob. Departamento de Microbiologia Clínica, Hospital Universitário de Hvidovre, Copenhaga, Dinamarca.

Khan MY, Kinsara AJ, Osoba AO, (2001). Aumento da resistência do M. Tuberculosis aos medicamentos anti-Tuberculosis na Arábia Saudita. Int J Antimicrob Agents 2001 May;17(5):415-8.

Miah MR, Ali MS, Saleh AA, Sattar H. (2000). Padrão de resistência aos medicamentos primários do *Mycobacterium Tuberculosis* em Dhaka, Bangladesh. Bangladesh Med Res Counc Bull 2000 Aug; 26(2): 33-40.

Rizwan Iqbal, Shabbir I., Nazir M., Hasan M. (2003). A resistência aos medicamentos contra a tuberculose é um desafio alarmante - resposta DOTS. Pakistan J. Med. Res. Vol. 42 No.3, 2003

Sifuentes-osornio J, Ponce-de-leon A, Camacho-Mezquia FE., Pobadilla S. Joy Milan, Kirsten A. Hauge, Natalia E. Kurepina. ***(2004)***. Distribuição geográfica alargada da família N de estirpes *de Mycobacterium tuberculosis* nos Estados Unidos. Seattle; Journal of Clinical Microbiology, , p. 1064-1068 Vol. **42**, No. 3

Stephen H. Gillespie (2002) Evolution of Drug Resistance in *Mycobacterium Tuberculosis.* Clinical and Molecular PerspectiveKingdomAntimicrobial agents and chemotherapy. DOI: 10.1128/AAC.46.2.267-274. p. 267-74

Sumathi Muralidhar & Srivastava L. (2004). Avaliação de três métodos para determinar a suscetibilidade antimicrobiana do *Mycobacterium Tuberculosis.* Indian J Med Res 120, novembro de 2004, pp 463-67

Taha Nazir, Abdul Hameed, Javed Anver Qureshi, Bashir Ahmad e Suraj Abraham. Rifampicin resistance profile of mycobacterium Tuberculosis Isolated from human patients. Proc. Pakistan Acad. Sci. 46(3):131-136. 2009

Taha Nazir, Abdul Hameed, Javed Anver Qureshi e Bashir Ahmad. Resistência à isoniazida do Mycobacterium Tuberculosis isolado de doentes humanos. Jornal Africano de Investigação Microbiológica 9 de novembro de 2011, Vol. 5(25), pp. 4291-4295, DOI: 10.5897/AJMR11.037

Taha Nazir, Abdul Hameed, Muhammad Shoaib Akhtar, Effat Shabbir, Javed Anver Qureshi, Abdul Malik e Muhammad Naeem Qaisar. Resistência à pirazinamida de estirpes de Mycobacterium Tuberculosis, isoladas de doentes humanos. Pharmacologyonline (2008) 3: 948-957

Nazir T, Nida T, Hameed A e Islam A. Padrão de resistência aos medicamentos de M. Tuberculosis - Uma ameaça emergente para a saúde pública. Prensa Med Argent 2015, 101:6

http://dx.doi.org/10.4172/lpma.1000194

Uplekar MW, Rangan S, Weiss MG, Ogden J, Borgdorff MW (2001). Atenção às questões de género no controlo da tuberculose. International Journal of Tuberculosis and Lung Disease, 5(3):220-24.

OMS/ IUALTD. (2000). Anti-Tuberculosis drug resistance in the world report No. 2, prevalence and trend, Genebra, Organização Mundial de Saúde, EUA.

Capítulo 4

INTERPRETAÇÃO TERAPÊUTICA DA RESISTÊNCIA AOS MEDICAMENTOS ANTI-TB DA 1ª LINHA

O Mycobacterium Tuberculosis resistente tem um nível máximo de resistência aos medicamentos anti-Tuberculose de primeira linha - rifampicina, isoniazida, pirazinamida e etambutol, que são interpretados terapeuticamente para estudar a adequação farmacológica da dosagem e do regime. Os parâmetros farmacodinâmicos - Cmax (concentrações plasmáticas máximas), índice terapêutico e dose padrão, regimes máximos, efeitos indesejáveis, etc. são considerados para obter resultados científicos exactos. Foram utilizadas diferentes combinações de fármacos antituberculose de primeira linha durante vários períodos de tempo: isoniazida, rifampicina e pirazinamida durante seis meses, isoniazida e rifampicina durante nove meses,68rifampicina, etambutol e pirazinamida durante seis meses, rifampicina e etambutol durante doze meses, isoniazida e etambutol durante dezoito meses e outros durante dois anos (Richard et al., 2006). É uma prova exacta da eficácia da concentração plasmática mais baixa dos medicamentos utilizados na terapêutica combinada do que a CIM padrão utilizada na terapêutica com um único medicamento. A dose padrão administrada na terapia com um único medicamento é mais elevada do que a dose do mesmo medicamento administrada na terapia combinada. Os medicamentos utilizados na terapêutica combinada actuam por mecanismos diferentes para curar a doença. Um estudo semelhante sobre o raciocínio da diferença quantitativa das doses necessárias na terapia individual e combinada foi efectuado por Stephen, 2002, que referiu que a tuberculose resistente aos medicamentos representa uma ameaça significativa para a saúde humana e que é importante compreender como surge a resistência se quisermos inverter a tendência ascendente. O tratamento com regimes aprovados internacionalmente resulta numa taxa de cura muito elevada, com poucas recaídas e sem o aparecimento de resistência. Estes regimes são eficazes na prevenção do aparecimento de resistência porque a quimioterapia combinada torna altamente improvável a existência de um mutante espontâneo resistente a todos os componentes da quimioterapia. Os doentes com tuberculose não complicada que recebem um tratamento inadequado proporcionam uma vantagem de seleção para os mutantes resistentes, porque as bactérias podem ser expostas à monoterapia, permitindo o aparecimento de resistência a agentes únicos e, posteriormente, a agentes múltiplos, à medida que a proteção da quimioterapia combinada se vai desgastando. O facto de as células do M. Tuberculosis no organismo serem susceptíveis a diferentes componentes da quimioterapia anti-Tuberculose significa que o risco de surgirem mutantes resistentes é maior do que seria de esperar se toda a população de células bacterianas pudesse ser contada em conjunto.

Interpretação terapêutica da resistência à rifampicina

Foram preparados cinco níveis de rifampicina num laboratório local para determinar o nível mais elevado possível de resistência do Mycobacterium Tuberculosis. Observou-se que nenhuma estirpe de rifampicina inibiu nos níveis 1st e 2nd do fármaco. 40,54% das estirpes de Mycobacterium Tuberculosis resistentes inibiram ao nível 3rd de rifampicina de 120ug/ml. No entanto, não é viável manter uma concentração plasmática superior ao intervalo terapêutico de 6,5±3,5ug/ml (Joel et al., 2001). 35,12% de Mycobacterium Tuberculosis resistentes foram inibidos ao nível da 4ª rifampicina 160 ug/ml, 18,91% inibidos ao nível da 5ª rifampicina 200 ug/ml e 5,40% inibidos a um nível superior à 5ª rifampicina 200+ ug/ml. Estas concentrações finais de 160ug/ml e 200ug/ml incorporadas nos meios LJ também excedem o índice terapêutico. Por conseguinte, não podem ser utilizadas na prática clínica atual. Se excedermos esta janela terapêutica ou índice terapêutico, produziremos efeitos indesejáveis graves de náuseas, vómitos, erupções cutâneas, hepatite, perturbações gastrointestinais, síndrome gripal e febre. Além disso, pode surgir uma iterícia grave em doentes hepáticos crónicos e sintomas alcoólicos em doentes idosos (Joel et. al., 2001). O doente é alertado para a coloração vermelho-alaranjada da urina e das lágrimas. (Richared et al 2006). Se estas concentrações óptimas determinadas diminuírem proporcionalmente devido à terapia combinada com outros medicamentos anti-Tuberculose. Mesmo assim, excede a gama terapêutica e não pode ser utilizada na prática atual. Os resultados deste estudo estão em conformidade com o trabalho de Richard et al. (2006), que registou a CIM como 0,005-0,2ug/ml, a concentração plasmática máxima (Cmax) 6 ±3,5 ug/ml, 98% de ligação às proteínas plasmáticas, 0,9L /Kg de volume de distribuição e dose terapêutica padrão de 600mg com um regime máximo de 1100mg por dia. Os nossos resultados estão correlacionados com o trabalho de Bertram (2004), que registou uma concentração inibitória mínima de 1,0 ug/ml, uma concentração plasmática máxima de 5-7 ug/ml e uma dose diária de 600 mg de rifampicina. Os nossos resultados estão de acordo com Venkatesan (1989), que relatou o pico de concentração sérica da rifampicina para adultos: 7 a 9 microgramas por mL (mcg/mL) após uma dose oral única de 600 mg e para crianças (6 a 58 meses de idade): Aproximadamente 11 mcg/mL após uma dose de 10 mg por kg de peso corporal (mg/kg). O tmax da rifampicina é de 1,5 a 4 horas após a administração oral; o pico de concentração pode ser diminuído e retardado após a administração com alimentos. O volume de distribuição é de 1,6 litros por kg. A ligação proteica da rifampicina é alta a muito alta (89%).15 A rifampicina atravessa a placenta, com concentrações séricas fetais ao nascimento de aproximadamente 33% da concentração sérica materna; penetra no humor aquoso e é distribuída no leite materno. Por ser lipossolúvel, a rifampicina pode atingir e matar bactérias intracelulares e extracelulares susceptíveis, bem como espécies de Mycobacterium. Estas conclusões são corroboradas pelo trabalho de Dikinson & Mitchison, (1981), que referiram a dosagem de rotina de rifampicina 6mg/kg num regime máximo de 600mg por dia. Trata-se de um fármaco geralmente bem tolerado, embora produza uma coloração avermelhada na urina e noutros fluidos e possa causar hepatotoxicidade. Outro efeito secundário é o aparecimento de uma pseudo-síndrome gripal. Estes resultados são consistentes com os achados de Juan, (2006), que relatou a administração oral ou IV de rifampicina com efeito bactericida. A sua dosagem diária para adultos é de 10-20mg/kg e para crianças 8-12mg/kg. O regime máximo de administração é de 600 mg. Este medicamento actua sobre as populações de bacilos de crescimento rápido, bem como sobre as populações de multiplicação lenta. Os resultados do estudo em análise são corroborados por Taha et al. (2004), que registaram uma resistência à rifampicina >64ug/ml. Estes resultados estão em conformidade com o trabalho do CDCP, 2004, que registou uma CIM de Mycobacterium Tuberculosis sensível à rifampicina na gama de 1-50ug/ml. Estes resultados estão em conformidade com os trabalhos de C Karin et al., 1997, Grim, 1978, Rizwan et al., 2003 e CCDR, 2003, que indicaram que a concentração óptima de rifampicina para a declaração de Mycobacterium Tuberculosis sensível ou resistente era de 40 ug/ml.

Interpretação terapêutica da resistência à isoniazida

Foram preparados cinco níveis de isoniazida - 0,2ug/ml, 3ug/ml, 6ug/ml, 9ug/ml, 12ug/ml e 12+ ug/ml - para determinar o nível mais elevado possível de resistência. Observou-se que nenhuma estirpe de isoniazida foi inibida nos 1°, 2° e 3° níveis do fármaco. Verificou-se a inibição de 28% das estirpes de Mycobacterium-Tuberculosis resistentes ao 4° nível de isoniazida 9ug/ml. A concentração plasmática máxima que pode ser mantida no organismo é de - 4ug/ml (Richard et al., 2006), pelo que pode ser utilizada na prática atual. O regime máximo de isoniazida é de 400 mg (Leon Shargel et al., 2004). 24% das estirpes de Mycobacterium Tuberculosis resistentes foram inibidas a um nível de 5 de 12ug/ml, 48% das estirpes resistentes foram inibidas a um nível superior a 5 de 12+ug/ml. Estas concentrações de 12ug/ml e 12+ug/ml incorporadas em meios LJ também excedem o índice terapêutico. Por conseguinte, não devem ser mantidas no tratamento efetivo da tuberculose. Se excedermos esta janela terapêutica ou índice terapêutico, os graves efeitos indesejáveis, ou seja, hipersensibilidade, parestesia, elevação das enzimas hepáticas, hepatite e neuropatia periférica, náuseas, vómitos, angústia epigástrica, agranulocitose, trombocitopenia, febre, várias erupções cutâneas, síndromes dermatológicas e reumatóides e lupóides podem produzir graves riscos para a saúde. Os efeitos adversos estão relacionados com a dose e a duração da administração. A parestesia é o efeito adverso mais frequente e parece dever-se a uma deficiência relativa de piridoxina. É corrigida pela suplementação com piridoxina (vitamina B6) e, por conseguinte, recomenda-se particularmente às mulheres lactantes que tomem suplementos vitamínicos. Os resultados do estudo em apreço são corroborados pelo trabalho de Richard et al., 2006, que indicaram a CIM padrão como 0,2-0,4ug/ml, a concentração plasmática 4ug/ml, a concentração plasmática máxima permitida 6ug/ml, a dose terapêutica padrão 300mg com um regime máximo de 300mg. Os nossos resultados estão em conformidade com o trabalho de Joel et al., (2001), que registaram uma CIM de 0,2ug/ml, uma dose padrão de 300mg, uma concentração plasmática máxima na acetilação lenta de 5,4 ±2,0ug/ml e na acetilação rápida de 7,1±1,9ug/ml. Estes resultados são consistentes com os de Holdiness (1984), que registou o pico de concentração sérica da isoniazida de 3 a 7 mcg/mL (21,9 a 51 micromoles por L) após uma dose oral única de 300 mg. 0,57 a 0,76 L por kg é o volume de distribuição (Kergueris, 1983). A isoniazida distribui-se amplamente por todos os fluidos e tecidos, incluindo o LCR, os fluidos pleural e ascítico, a pele, a expetoração, a saliva, os pulmões e os músculos. Atravessa a placenta e é distribuída no leite materno. A ligação proteica da isoniazida é muito baixa (0 a 10%). Estes resultados estão de acordo com as conclusões de Venkatesan D. (1989), que indicou o tempo para o pico de concentração sérica da isoniazida - 1 a 2 horas e o pico de concentração plasmática (Cmax) como 4ug/ml. Os resultados do estudo em apreço são corroborados pelos resultados de Juan M Broquetas Donate, 2006, que referiu a administração oral ou IM de isoniazida com efeito bactericida. A sua dosagem diária para crianças é de 5-10mg/kg e para adultos é de 5mg/kg. O regime máximo de administração diária é de 300 mg. Estes resultados são consistentes com as conclusões da OMS (2001), que registou 100% de resistência mínima, 11,11% de resistência mediana e 88,88% de resistência máxima ao nível do primeiro fármaco de 0,2 ug/ml e 100% de resistência mínima, 12,52% de resistência mediana e 87,5% de resistência máxima ao nível do quinto fármaco de 12 ug/ml. As conclusões do estudo em apreço são corroboradas pelas conclusões da OMS/ IUALTD, (2000), que registou 58,33% de resistência ao nível do 1.º fármaco 0,2 ug/ml, 8,33% de resistência ao nível do 2.ºfármaco 3 ug/ml e 33,33% de resistência ao nível do 5.º fármaco 12 ug/ml. O nosso estudo também apoia o trabalho de Jesudason et al., (2003), CCDR, (2004) e Victor et al., (1997), que relataram a resistência do Mycobacterium Tuberculosis acima de uma concentração óptima de fármaco de 0,2ug/ml.

Interpretação terapêutica da resistência ao etambutol

Foram preparados cinco níveis de etambutol - 2ug/ml, 4ug/ml, 6ug/ml, 8ug/ml e 10ug/ml - para determinar o nível mais elevado possível de resistência. Observou-se que nenhuma estirpe inibiu com o etambutol nos 1.º e 2.º níveis do fármaco - 2ug/ml e 4ug/ml. 50% das estirpes de Mycobacterium Tuberculosis resistentes inibiram ao 3º nível de 6ug/ml. A concentração plasmática máxima (Cmax) que pode ser mantida num doente com tuberculose durante o protocolo de tratamento é descrita por outros investigadores como 3-5ug/ml (Bertram, 2004), 2-5ug/ml (Leon et al., 2004) e 4-6ug/ml (Richard et al., 2006). É muito óbvio, a partir dos dados fornecidos, que exceder a concentração plasmática mencionada pode introduzir toxicidade. O efeito adverso mais importante do etambutol é a neurite ótica, que resulta numa diminuição da acuidade visual e na perda da capacidade de discriminar entre o vermelho e o verde (neurite ótica com visão turva, daltonismo vermelho-verde). A acuidade visual deve ser examinada periodicamente. A descontinuação do medicamento resulta na reversão dos sintomas tóxicos. Além disso, a excreção de urato é diminuída pelo fármaco; assim, a gota pode ser exacerbada. (Richard, et al., 2006). Também se observam febre, dores abdominais, dores de cabeça, tonturas e confusão (Leon et al., 2004). 3 (30%) Mycobacterium Tuberculosis resistentes ao etambutol foram inibidas ao nível 4 th de etambutol 8ug/ml, 2 (20%) estirpes resistentes ao etambutol inibidas a um nível superior a 5 th de 10ug /ml. A respectiva concentração plasmática no nível 4th de 8ug/ml e no nível 5 de 10ug/ml não pode ser mantida sem o risco de graves perigos para a saúde do doente. Por conseguinte, os regimes são rejeitados para utilização na prática quimioterapêutica atual. Os resultados deste estudo estão em consonância com o trabalho de Richard et al., 2006, que registaram 1-8ug/ml de concentração inibitória mínima (CIM), 4-6ug/ml de concentração plasmática máxima (Cmax) e 6ug/ml de concentração plasmática máxima permitida. Os nossos resultados também se correlacionam com o trabalho de Joel et al., (2001), que registaram uma concentração inibitória mínima de 1-5ug/ml, uma concentração plasmática máxima (Cmax) de 2-5ug/ml, uma dose padrão de 400mg ou 25mg/kg/dia e um regime máximo de 1100mg. Achados semelhantes foram relatados por Myambutol (Lederle), (2000), que descreve o pico de concentração sérica como 2 a 5 mcg/mL após uma dose única de 25 mg/kg com o tempo para o pico de concentração sérica de 2 a 4 horas. A ligação proteica do etambutol é baixa (20 a 30%). O etambutol distribui-se pela maioria dos tecidos e fluidos corporais, exceto o LCR. O etambutol não penetra nas meninges intactas, mas 10 a 50% podem penetrar nas meninges de doentes com meningite tuberculosa. Estes resultados também estão em conformidade com Venkatesan et al (1998), que registaram um volume de distribuição de 1,6 L por kg. Os resultados do estudo em apreço são corroborados pelos resultados de Juan, (2006), que referiu uma dosagem diária de etambutol de 15-25mg/kg e o regime máximo de administração por dia de 2,5g. A principal função do etambutol é prevenir o aparecimento de resistência. É geralmente bem tolerado e tem poucos efeitos tóxicos. Parece existir a possibilidade de neurite retrobulbar. Por conseguinte, não é recomendado para crianças que não possam ser submetidas a controlos oftalmológicos frequentes. Os resultados deste estudo estão em conformidade com o trabalho da OMS/ IUALTD, (2000), que registou 75% de resistência ao nível do primeiro fármaco, 12,5% de resistência ao nível do segundo fármaco e 12,5% de resistência ao nível do quarto fármaco. Estas conclusões estão em conformidade com o trabalho da CCDR, (2004), que registou a resistência do Mycobacterium Tuberculosis ao etambutol acima da concentração crítica de 2ug/ml.

Interpretação terapêutica da resistência à pirazinamida

Foram preparados cinco níveis de pirazinamida - 100ug/ml, 200ug/ml, 300ug/ml, 400ug/ml e 500ug/ml - para determinar o nível mais elevado possível de resistência. Observou-se que nenhuma estirpe resistente à pirazinamida foi inibida nos níveis de fármaco 1 e 2 nd - 100ug/ml e 200ug/ml. 27,66% das estirpes de Mycobacterium Tuberculosis resistentes à pirazinamida foram inibidas ao 3º nível de pirazinamida de 300ug/ml. A concentração plasmática máxima que pode ser mantida no corpo humano, registada por diferentes investigadores, é de 9-12ug/ml (Joel et al, 2001), 19ug/ml (Leon et al., 2004), 30-50ug/ml (Bertram, 2004), 37-40ug/ml (Richard et al., 2006). A ultrapassagem desta concentração plasmática máxima permitida pode introduzir graves riscos para a saúde. A manutenção da concentração plasmática acima referida é, por conseguinte, rejeitada para utilização na prática quimioterapêutica atual. Durante a toxicidade da pirazinamida, os efeitos adversos importantes introduzidos pela pirazinamida são náuseas, hiperuricemia, erupções cutâneas, dores nas articulações, gota (raro) (Richard et al., 2006), febre, anorexia, mal-estar e hepatite com ou sem iterícia hepática, podendo ocorrer morte (Alfonso et al., 1998). 25,53% das estirpes de Mycobacterium Tuberculosis resistentes foram inibidas ao nível de 4th pirazinamida 400ug/ml, 31,91% das estirpes resistentes foram inibidas ao nível de 5th pirazinamida 500ug/ml e 14,89% das estirpes resistentes à pirazinamida foram inibidas a um nível superior a 5th pirazinamida 500+ug /ml. A respectiva concentração plasmática a um nível 5th de 500ug/ml e a um nível superior a 5 th de 500+ug/ml não pode ser mantida em doentes com tuberculose sem o risco de prejudicar gravemente a saúde do doente. Por conseguinte, os regimes são rejeitados para utilização na prática quimioterapêutica atual. Os resultados deste estudo estão em consonância com o trabalho de Richard et al. (2006), que registaram uma concentração inibitória mínima de 18-23ug/ml, uma concentração plasmática máxima de 37-40ug/ml, uma dose terapêutica padrão de 500 mg com um regime máximo de 800 mg. Os nossos resultados são consistentes com o trabalho de Taha et al., (2004), que referiu a concentração plasmática máxima (Cmax) 40ug/ml, a concentração crítica do fármaco que incorporou nos meios LJ para considerar como fronteira para a declaração de bactérias sensíveis ou resistentes 100ug/ml, a dose padrão 500mg e a dose máxima permitida 800mg. Os nossos resultados estão em conformidade com o trabalho de Bertram et al., (2004) que registaram a concentração inibitória mínima de 100ug/ml, a concentração plasmática máxima de 30-50ug/ml e a dose padrão de 25mg/kg/dia. Estes resultados estão em conformidade com Juan, (2006), que comunicou a dosagem habitual de pirazinamida 25mg/kg/dia com um máximo de 2g por dia. A pirazinamida é administrada por via oral e tem um efeito bactericida. A sua dose diária para crianças de 20-30 anos e para adultos é de 1,5g <50kg 2,0g (51-74kg) 2,5g >75kg. A dose três vezes por semana para adultos é de 2g <50kg 2,5g (51-74kg) 3,0g >75kgl. A ação da pirazinamida é fundamental sobre os bacilos de multiplicação lenta e intercelulares e tem um efeito esterilizante. É hepatóxica e interfere com o metabolismo do ácido úrico, aumentando o seu nível. O volume de distribuição da pirazinamida é de 0,57 a 0,74 L por kg (Lacroix et al., 1989). Estes resultados estão de acordo com Ellard, (1987), que relatou uma ampla distribuição da pirazinamida na maioria dos fluidos e tecidos, incluindo fígado, pulmões, rins e bílis. A pirazinamida tem uma excelente penetração no LCR, variando de 87 a 105% da concentração sérica correspondente. Estes resultados estão de acordo com Stamatakis et al. (1988), que referiram que a ligação da pirazinamida às proteínas plasmáticas é baixa (10 a 20%), o tempo para atingir o pico de concentração sérica é de 1 a 2 horas e o pico de concentração sérica é de aproximadamente 19 mcg/mL após uma dose única de 14 mg/kg e de aproximadamente 39 mcg/mL após uma dose única de 27 mg/kg (Lacroix et al., 1989). Os resultados deste estudo estão em consonância com o trabalho de Taha et al., (2015), que referiram que a concentração final (100ug/ml) incorporada nos meios de LJ para considerar como linha de fronteira para declarar a Mycobacterium Tuberculosis sensível ou resistente era muito claramente superior a 100ug/ml. O estudo de Joel et al., (2001), também revela resultados semelhantes de concentração inibitória mínima de 12,5, concentração plasmática máxima de 9-12ug/ml após um regime de 500 mg por dia.

Tendência da resistência aos medicamentos anti-Tuberculose de ^{1a} linha entre novembro de 2004 e dezembro de 2005.

As estirpes de Mycobacterium Tuberculosis estudadas para avaliação da tendência geral da prevalência de resistência contra todos os quatro fármacos anti-Tuberculose de primeira linha, durante novembro de 2004 a dezembro de 2005. As estirpes totais de Mycobacterium Tuberculosis foram comparadas cronologicamente em relação ao número de medicamentos resistentes. Observou-se um declínio gradual no perfil de resistência da

Mycobacterium Tuberculosis de janeiro a dezembro de 2005. Estes resultados são consistentes com o trabalho da OMS/ IUALTD, (2000), que registou uma diminuição da prevalência global de resistência do Mycobacterium Tuberculosis. As conclusões do estudo em apreço são corroboradas pelas conclusões da CCDR, (2004), que refere que a percentagem de isolados que demonstram qualquer tipo de resistência aos medicamentos se manteve inalterada entre os dois anos de referência (12,6% em 2002 e 12,5% em 2003) e que a proporção de tuberculose multirresistente foi idêntica (1,5%) em ambos os anos. De um modo geral, o nível de resistência da tuberculose aos medicamentos não registou diferenças significativas desde o início deste sistema de notificação em 1998. O estudo de Rizwan et al., (2003), revelou a comparação da resistência aos medicamentos MDR e a outros medicamentos anti-Tuberculose entre 1998 e 2002. É evidente que a MDR e a resistência a outros medicamentos estão a aumentar com o passar do tempo. A razão possível pode residir no facto de o intervalo de aproximadamente cinco anos ter tornado estática a tendência de aumento da resistência. A experiência de outros países pode ser útil para os futuros esforços de controlo da tuberculose no Paquistão. A única estratégia bem sucedida é a rápida implementação e expansão do DOTS, que constitui a única solução para o aumento alarmante da tuberculose resistente aos medicamentos no Paquistão. Os nossos resultados são consistentes com os de Xianyi (2002), que referiu que a implementação rápida do DOTS em grande escala em diferentes países demonstrou que o objetivo global de 85% de taxa de cura foi rapidamente alcançado e que o nível de resistência aos medicamentos foi provavelmente reduzido por estes projectos. Os nossos resultados estão de acordo com Helen (2002), que registou resultados semelhantes em 2002. Os resultados dos testes de suscetibilidade antimicrobiana estavam disponíveis para todos os 268 isolados, que incluíam 264 Mycobacterium Tuberculosis e quatro isolados de M. bovis.17 Nos últimos oito anos, registou-se uma tendência para o aumento da resistência à estreptomicina (p=0,0078). A resistência à isoniazida e à pirazinamida tem flutuado, enquanto a resistência à rifampicina e ao etambutol tem-se mantido relativamente estável e permanece <2%. Foram observadas algumas diferenças no perfil de resistência aos medicamentos antituberculose de primeira linha. A razão possível pode residir no facto de existirem grandes diferenças nos padrões de vida, nas instalações de saúde, nas condições gerais de higiene e na estrutura socioeconómica. O envolvimento de uma estimativa da resistência aos medicamentos é extremamente importante na epidemiologia e no controlo da tuberculose (Hemvani, 2001). A estratégia DOTS, mundialmente aceite, parece ser a resposta à rápida emergência da resistência aos medicamentos contra a tuberculose. Os resultados de 10 anos de experiência na expansão e aplicação do DOTS permitem deduzir uma série de projectos para futuros esforços de controlo da tuberculose na China e noutros países. Em menos de cinco anos, a cobertura do DOTS passou de zero para mais de 90% das áreas e da população-alvo (Xianyi, 2002).

REFERÊNCIAS

Alfonso R. Gennaro, Medwich T., Chase D.G., Rippie GE., Marderosian DA., Scwartz BJ., Hanson RG., White SH., Hussar AD., Zink LG. (1998). Rimington: The Science and Practice of Pharmacy. 9th Reprinted Edition (1998). Mack Publishing Company, Easton, Pennsylvania 18042

Bertram G. Katzung. (2004). Farmacologia Básica e Clínica. 9ª Edição (2004). The McGraw Hill companies, New York, USA p 782-790.

CCDR, 2004. Relatório sobre doenças transmissíveis no Canadá. Tuberculosis drugs resistance; summary report for (2003). Agência Canadiana da Saúde, Canadá. Vol. 30-10.

CDCP (Centro de Controlo e Prevenção de Doenças). (2004). Drug susceptibility testing of *Mycobacterium Tuberculosis* & non- tuberculous *Mycobacteria,* performance evaluation program; division of laboratory services, USA.

Karin C. Weyer, Bateman E., Blumberg L., Cameron N., Calver A., Churchyard G., Fourie B., Brown BG., Matji R. e Wilcox P. (1997). O tratamento da tuberculose multirresistente na África do Sul. Guidelines for the management of multidrug-resistant Tuberculosis patients in South Africa (Diretrizes para o tratamento de doentes com tuberculose multirresistente na África do Sul). Programa Nacional de Investigação sobre a Tuberculose, Conselho de Investigação Médica, Pretória.

Nazir T, Nida T, Hameed A, Islam A (2015) Padrão de resistência aos medicamentos do M. tuberculosis - Uma ameaça emergente para a saúde pública. Prensa Med Argent 2015, 101:6.

http://dx.doi.org/10.4172/lpma.1000194;

doi:http://dx.doi.org/10.4172/lpma.1000194

Taha Nazir, Nida Taha, Azharul Islam, Adeel Mahmood (2015), Ameaça potencial da Enzima Metallo-Beta-Lactamase-1 de Nova Deli, Resistente a Múltiplos Medicamentos e Resistente a Medicamentos Extensivos para alcançar os Objectivos de Desenvolvimento do Milénio nos Países do Sudeste Asiático. Pak J Pharm Sci (Aceite). Gabinete do Reitor, Faculdade de Farmácia, Universidade de Karachi, Karachi-75270, Paquistão. E.: ;pakjps@hotmail.compjps@uok.edu.pk ; W.: http://www.pjps.pk/

Taha Nazir, Abdul Hameed, Javed Anver Qureshi, Bashir Ahmad e Suraj Abraham. Rifampicin resistance profile of mycobacterium Tuberculosis Isolated from human patients. Proc. Pakistan Acad. Sci. 46(3):131-136. 2009

Dikinson J M, Mitchison D A. (1981) "Experimental models to explain the high sterilizing activity of rifampin in the chemotherapy of Tuberculosis", Am Rev Respir Dis (1981);123: pp. 367-71

Ellard GA. (1987). Penetração da pirazinamida no líquido cefalorraquidiano na meningite por tuberculose. BMJ; 294: 284-5.

Grimm H. (1978). Investigação invitro da rifampicina. Correlação entre a concentração inibitória mínima e a zona de inibição mínima. Arzneimittelforschung; **28**(5): 735-8

Helen Heffernan (2002), Anti-Tuberculosis drug resistance, 2002. Ross Vaughan, Mycobacteriology Reference Laboratory, Auckland Hospital; Antibiotic Reference Laboratory. Grupo de Doenças Transmissíveis ESR Nova Zelândia

Holdiness MR. (1984). Clinical pharmacokinetics of the anti-Tuberculosis drugs. Clin Pharmacokinet; 9: 511-44.

Jesudason MV, U Mukundan, R Saaya, K Vanitha, MK Lalitha. (2003). Resistência do *Mycobacterium Tuberculosis* aos fármacos anti-tuberculosos de primeira linha - uma revisão de vinte anos. Ind J Med. Micro. Vol.: **21** ;2. 127- 128.

Joel G. Hardman, Limbird L.E., Gillman G.A., (2001). Goodman & Gilman's the pharmacological basis of therapeutics. 10ª Edição 2001. The McGraw-Hill Companies. Nova Iorque, EUA.

Juan M Broquetas Doñate (2006) Long term health care Treatment of Tuberculosis Emeritus Head, Department of Respiratory Medicine, Hospital Universitat Autónoma de Barcelona.

Kergueris MF. (1983). Carácter de acetilação da isoniazida no coelho e no homem. Eur J Drug Metab Pharmacokinet; 8(2): 133-6.

Lacroix C, Hoang TP, Nouveau J, (1989). Farmacocinética da pirazinamida e dos seus metabolitos em indivíduos saudáveis. Eur J Clin Pharmacol 1989; 36: 395-400.

Leon Shargel, Mutnick H.A., Souney F.P., Swanson N.L., (2004). Comprehensive Pharmacy Review. 4th Ed. (2004). 351 West Camden Street, Baltimore, MD 21201

Richard D. Howland, Mycek J.M., Harvey R.A., Champe P.C. (2006). Lippincott's Illustrated reviews: Farmacologia. 3ª Edição (2006). 351 West Camden Street Baltimore,MD **21201**. p 395- 40

Rizwan Iqbal, Shabbir I., Nazir M., Hasan M. (2003). A resistência aos medicamentos contra a tuberculose é um desafio alarmante - resposta DOTS. Pakistan J. Med. Res. Vol. 42 No.3, 2003

Stamatakis G, Montes C, Trouvin JH, (1988). Farmacocinética da pirazinamida e do ácido pirazinóico em doentes com insuficiência renal crónica. Clin Nephrol 1988; 30(4): 230-34.

Stephen H. Gillespie (2002) Evolution of Drug Resistance in *Mycobacterium Tuberculosis.* Clinical and Molecular PerspectiveKingdomAntimicrobial agents and chemotherapy. DOI: 10.1128/AAC.46.2.267-274. p. 267-74

Taha N, Abdul H, Hadyat R, Javed AQ. (2010). Perfil de resistência ao etambutol de cepas *de M. tuberculosis*

isoladas de pacientes humanos. Revista Brasileira de Microbiologia; 41: 1065-1069

Venkatesan D. (1989) Clinical pharmacokinetic considerations in the treatment of patients with leprosy. Clin Pharmacokinet; 16: 365-86.

Victor TC, Warren R, Butt JL, Jordaan AM, Felix JV, Venter A, Sirgel FA, Schaaf HS, Donald PR, Richardson M, Cynamon MH, Van Helden. (1997). Estabilidade do genoma e da CIM no *Mycobacterium Tuberculosis* e indicações para a continuação da utilização da isoniazida na tuberculose multirresistente. 1: J Med Microbiol. **46(10)**:847-57

OMS (2001). Diretrizes para o teste de suscetibilidade aos medicamentos anti-Tuberculose de segunda linha para DOTS- Plus; OMS/ CDS/ Tuberculosis/ 2001.288

OMS/ IUALTD. (2000). Anti-Tuberculosis drug resistance in the world report No. 2, prevalence and trend, Genebra, Organização Mundial de Saúde, EUA.

Xianyi Chen, Fengzeng Zhao, Hongjin Duanmu, Liya Wan, Lixia Wang, Xin Du, Daniel P. Chin. (2002). A estratégia DOTS na China: resultados e lições após 10 anos,Boletim da Organização Mundial de Saúde 2002,80 (6)P:430-36.

Capítulo 5

PADRÃO INDÍGENA DE RESISTÊNCIA DO MYCOBACTERIUM Tuberculose NO PAQUISTÃO

A prevalência da tuberculose é uma questão alarmante para os países em desenvolvimento do mundo. Metade de todos os novos casos de tuberculose registam-se no Bangladesh, na Índia, no Paquistão, na Indonésia e nas Filipinas (Bitar et al., 2001).

Em particular, a resistência do *Mycobacterium Tuberculosis (M. Tuberculosis)* aos medicamentos antituberculose de primeira linha: rifampicina, isoniazida, etambutol e pirazinamida é uma questão de grande importância. Além disso, certos factores biológicos e clínicos estão constantemente a contribuir para o desenvolvimento da resistência. Esta é induzida por uma vigilância terapêutica deficiente (CCDR, 2004), condições socioeconómicas precárias, regimes incorrectos e mutações genéticas (Christopher, 2002). No entanto, o regime e a duração ideais do tratamento continuam a ser um tema de discussão. (Isik et al., 2002)

Foi também realizado um projeto de investigação para estudar o padrão de desenvolvimento da resistência do *M. tuberculosis* aos medicamentos anti-tuberculosos de primeira linha: rifampicina, isoniazida, etambutol e pirazinamida. (Espinal et al., 2001), o que pode ajudar a avaliar a credibilidade clínica dos programas, protocolos e esquemas de tratamento prevalecentes. Os produtos químicos puros destes medicamentos foram obtidos nos Laboratórios Schazoo (Pvt.), GT Road, Lahore, Paquistão.

Lowenstein Jensen (LJ) Médio

O meio Lowenstein Jensen foi preparado segundo o método descrito por Nazir *et al.* (2008) e utilizado para a cultura primária das amostras processadas. Os slants de meio LJ foram inoculados com amostras processadas numa cabina de segurança de classe II (Telstar, Espanha). O crescimento de *M. Tuberculosis* assim obtido foi identificado através da coloração Acid Fast e posteriormente utilizado para testes de sensibilidade.

Quadro 1. Preparação de cinco diluições / proporções diferentes de rifampicina, isoniazida, pirazinamida e etambutol inoculadas em meio LJ para determinação do nível de resistência da M-TB resistente.

	RFP µg/ ml	ISN µg/ ml	PZA µg/ ml	ETH µg/ ml
CIM (µg/ ml)	40	0.2	100	2
1st Diluição	80	3	200	4
2nd Diluição	120	6	300	6
3rd Diluição	160	9	400	8
4th Diluição	200	12	500	10
5th Diluição	200+	12+	500+	10+

RFP- Rifampicina ETB- Etambutol PZA-

ISN-Isoniazida CIM- concentração inibitória mínima

Preparação de inóculos de *Mycobacterium Tuberculosis*

A sementeira excessiva de um meio contendo fármaco foi evitada através da padronização de inóculos que atenuam a possibilidade de erro de julgamento ao considerar a resistência a uma estirpe suscetível. As amostras representativas de crescimento com um mínimo de 50 colónias foram retiradas da cultura primária e colocadas em frascos McCartney com 1 ml de água destilada e 5 esferas de vidro. As misturas foram homogeneizadas por agitação vigorosa com um misturador Vortex (Eyela, Japão) durante 1-3 minutos e deixadas numa cabina de segurança de classe II (Telstar, Espanha). O processo pormenorizado de preparação de inóculos e de teste da suscetibilidade do *M. Tuberculosis* é explicado por Taha et al., (2010).

Interpretação dos dados

Os frascos Bijoux foram inspeccionados semanalmente para verificar o aparecimento de crescimento. O número e a morfologia das colónias foram anotados à medida que o crescimento era evidente no meio LJ. As culturas sem crescimento foram descartadas após 8 semanas de incubação. Os resultados foram interpretados quanto à resistência com base na percentagem de colónias em meios contendo fármacos em comparação com o crescimento em meios sem fármacos.

Os isolados clínicos de expetoração (84,9%), pus (10,5%) e lavado brônquico (4,7%) foram recolhidos de doentes com diagnóstico de tuberculose. Estes espécimes incluíam (84,3%) doentes pulmonares, (15,7%) extra-pulmonares, (70,9%) do sexo masculino e (29,1%) do sexo feminino.

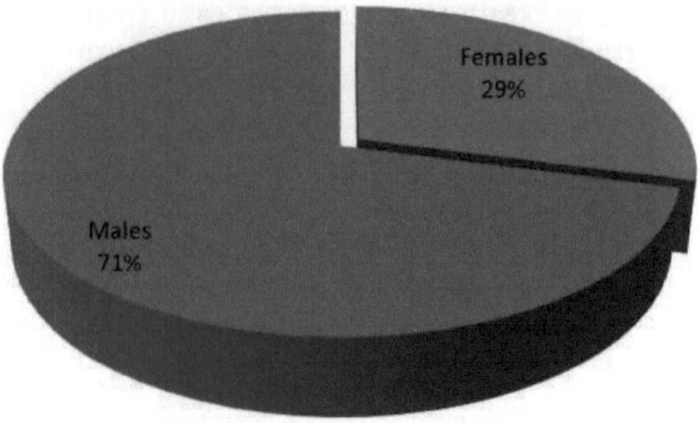

Figura: Comparação de doentes masculinos e femininos com tuberculose positiva (AFB positiva).

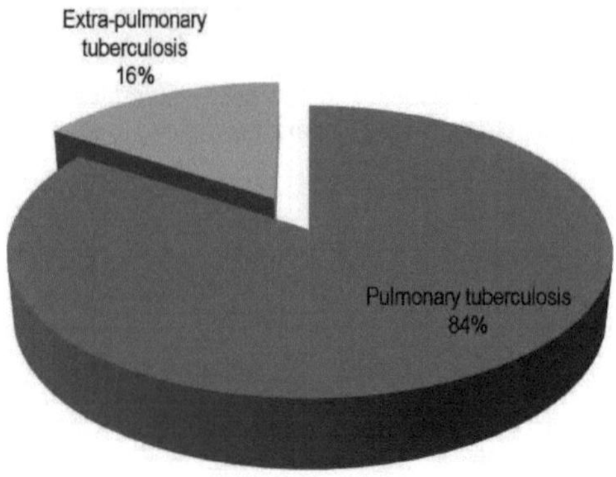

Figura: Distribuição das amostras biológicas recolhidas de doentes suspeitos de TB.

Bitar *et al.* (2001) registaram 89% (n=607) de casos de tuberculose pulmonar, 6% (n=39) de tuberculose extra-pulmonar e 5% (n=37) de casos de doentes de local desconhecido. Uplekar *et al. (2001)* registaram um excesso anual de setenta por cento (70%) de homens em relação às mulheres a nível mundial. Haq *et al.* (2002) registaram 68% de doentes com tuberculose do sexo masculino e 32% do sexo feminino. A OMS/ IUALTD (2000) registou 67% de doentes com tuberculose do sexo masculino.

Resistência de *Mycobacterium TB* a mono e poli-fármacos

A resistência monofármaco do *M. tuberculosis* foi observada em 25,71% dos isolados clínicos resistentes à rifampicina, 8,57% à isoniazida, 2,85% ao etambutol e 62,85% à pirazinamida, num total de 20,34% de estirpes monorresistentes das amostras totais.

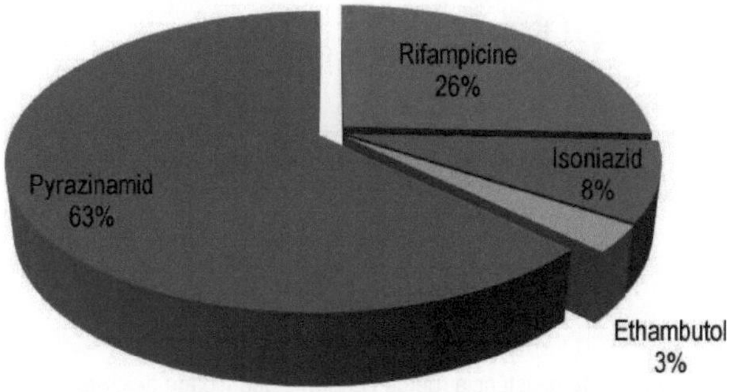

Figura. Padrão de resistência das estirpes autóctones *de Mycobacterium Tuberculosis* à quimioterapia de 1.ª linha recolhidas de culturas primárias de doentes com diagnóstico de tuberculose (AFB positivo) do grupo etário dos 14-67 anos.

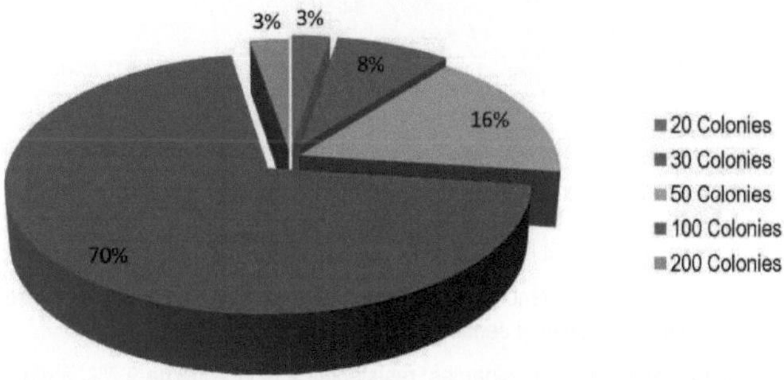

Figura: Comparação da percentagem de resistência e da quantidade de crescimento/número de colónias de *Mycobacterium Tuberculosis* indígena em meios Lowenstein Jensen incorporados com rifampicina, colhidos de culturas primárias de doentes diagnosticados com tuberculose (AFB positivo) com idades compreendidas entre os 17 e os 68 anos.

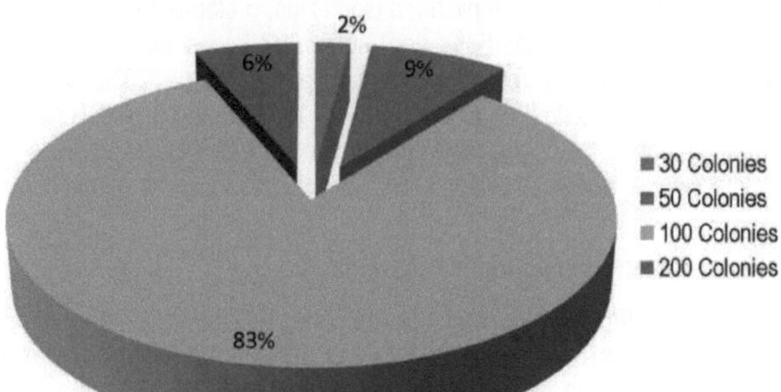

Figura: Comparação do padrão de resistência (percentagem) e quantidade de crescimento de *Mycobacterium Tuberculosis* indígena em meios Lowenstein Jensen incorporados com pirazinamida

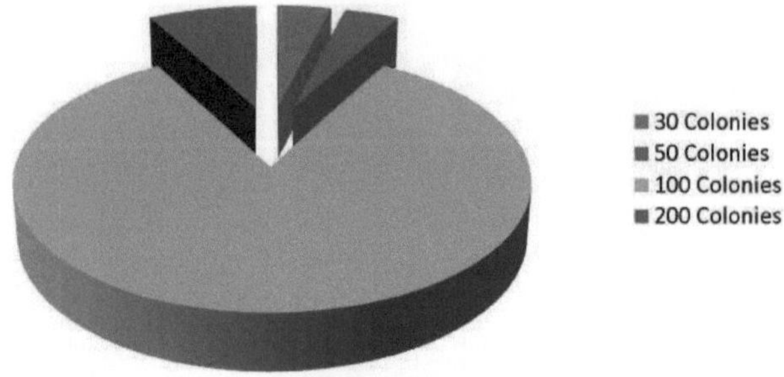

Figura: Comparação do padrão de resistência (percentagem) e quantidade de crescimento de *Mycobacterium Tuberculosis* indígena em meios Lowenstein Jensen incorporados com isoniazida.

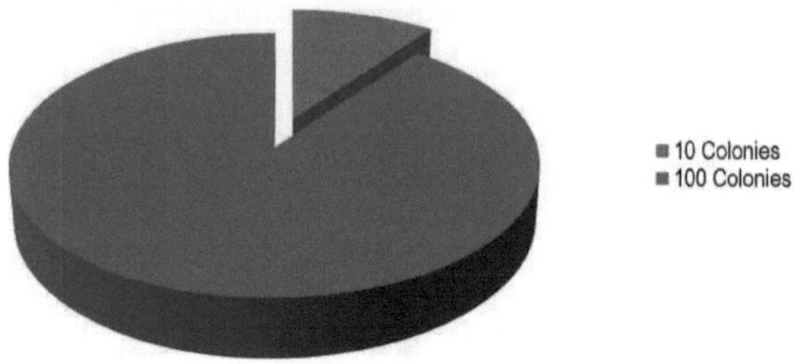

Figura: Comparação do padrão de resistência (percentagem) e quantidade de crescimento de *Mycobacterium tuberculosis* indígena em meios Lowenstein Jensen incorporados com etambutol.

Helen, (2002), que registou resultados semelhantes: resistência à isoniazida de 9,7%, à rifampicina de 1,5%, ao etambutol de 1,9% e à pirazinamida de 4,1%. Foram observadas diferenças significativas no perfil de resistência da rifampicina e da pirazinamida. As razões possíveis podem residir no facto de haver diferenças nos padrões de vida, nas instalações de saúde, nas condições gerais de higiene e na estrutura socioeconómica de Auckland, na Nova Zelândia, e do Paquistão. Por outro lado, Rizwan *et al.*, (2003), referiram que a resistência a monofármacos contra a pirazinamida, a rifampicina, a isoniazida, o etambutol e a estreptomicina era de 6%, 4%, 3,6%, 1,9% e 1,7%, respetivamente. 53% dos isolados clínicos eram resistentes a um ou mais medicamentos contra a tuberculose, a resistência à rifampicina foi de 28%, a isoniazida de 26%, a estreptomicina de 24%, a pirazinamida de 29%, o etambutol de 15%, enquanto a resistência à MDR foi de 16%. Verifica-se que o controlo da tuberculose pode ser alcançado se for dada maior atenção à deteção precoce dos casos e ao tratamento imediato. A expansão global do DOTS é atualmente a estratégia padrão para um controlo eficaz da TB.

Resistência a polifármacos do *Mycobacterium Tuberculosis*

O perfil de poli-resistência das estirpes indígenas foi obtido como 19,35% resistente à rifampicina e isoniazida, 22,58% ao etambutol e pirazinamida, 3,22% ao etambutol e pirazinamida, 6.45% à isoniazida e à pirazinamida, 22,58% à rifampicina, à isoniazida e à pirazinamida, 3,22% à rifampicina, ao etambutol e à pirazinamida e 22,58% a todos os quatro medicamentos de 1ª linha.

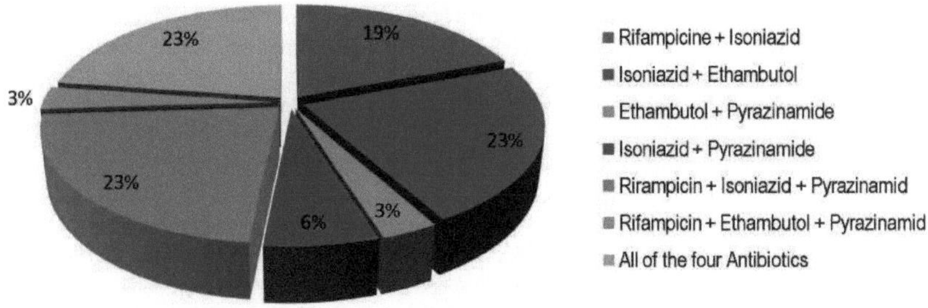

Figura: Perfil de polirresistência de estirpes indígenas *de Mycobacterium TB* pulmonar/extrapulmonar categorizadas com base na resistência a um, dois, três ou todos os quatro medicamentos antituberculosos de 1ª linha.

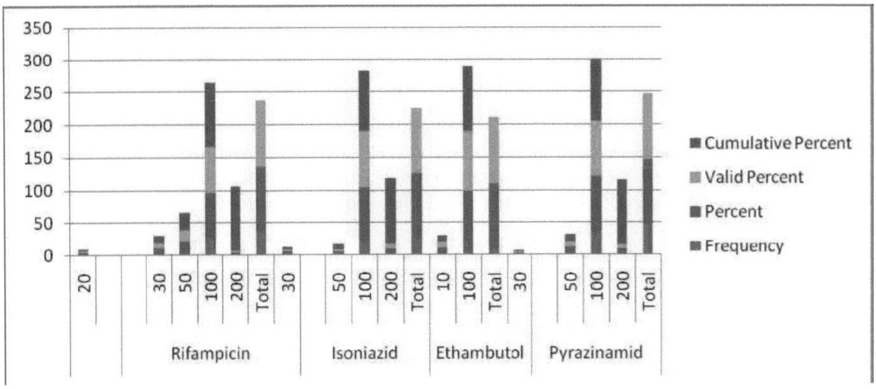

Figura: Padrão comparativo de resistência do M. Tuberculosis à rifampicina, isoniazida, etambutol e pirazinamida

O perfil de poli-resistência das estirpes *de Mycobacterium Tuberculosis* foi também estudado com base na resistência contra um, dois, três ou todos os quatro fármacos anti-Tuberculose de primeira linha. Os dados revelaram que 20,35% das estirpes eram resistentes a um fármaco, 9,30% a dois fármacos, 4,65% a três fármacos e 4,07% a todos os quatro fármacos anti-TB, enquanto 61,63% das estirpes eram susceptíveis.

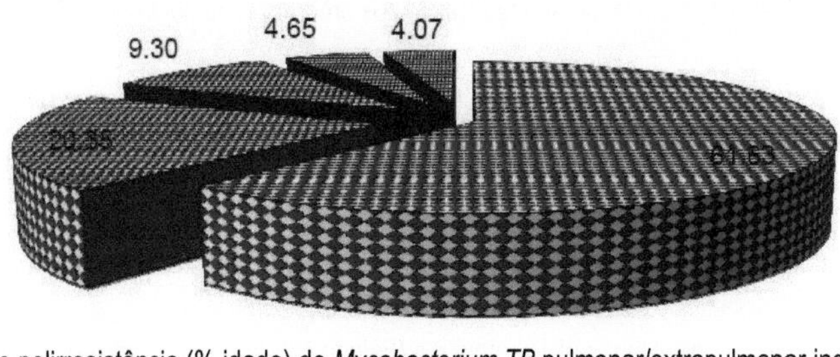

Figura: Perfil de polirresistência (% idade) de *Mycobacterium TB* pulmonar/extrapulmonar indígena com base no número de medicamentos contra os quais é resistente.

Os nossos resultados são consistentes com os da CCDR (2004), que registou 12,5% de resistência a um ou mais medicamentos anti-tuberculose de primeira linha. 1,5% de estirpes de tuberculose multirresistente (MDR-TB). O número de isolados notificados em 2003 manteve-se relativamente inalterado em relação ao ano anterior (1420 isolados em 2002 e 1379 isolados em 2003). Com a crescente preocupação mundial relativamente à resistência aos medicamentos contra a TB, este sistema de vigilância é vital para fornecer os dados necessários em tempo útil para monitorizar a tendência da resistência aos medicamentos contra a TB no Canadá. As razões da diferença entre a prevalência da resistência tuberculosa indígena e canadiana podem residir no facto de o sistema canadiano de monitorização de medicamentos ser excelente, na vigilância quimioterapêutica e num padrão de saúde apreciável. Isik Johnsson *et al.* (1995) registaram um padrão de resistência aproximadamente semelhante. Rizwan et al., (2003) registaram o perfil de poli-resistência como 14,6% (99) de resistência a quaisquer dois fármacos, 8,11% (55) de resistência a quaisquer três fármacos, 5% (34) de resistência a quaisquer quatro fármacos e 4,71% (32) de resistência a quaisquer cinco fármacos. Hemvani *et al.*, (2001) referiram a maior resistência na Índia, com exceção da rifampicina (25%), que é comparável. A MDR foi de 8,1%, o que é baixo em comparação com os 19,4% do presente estudo. Espinal *et al.*, (2001) referiram a prevalência global de 18% de MDR na Estónia, o que é comparável aos 19,4% do presente estudo. A OMS/IUALTD, (2000) referiu que a resistência a um único fármaco era de 13,7% na China, 18,1% na Federação Russa e 12,9% na Estónia, a resistência a dois fármacos era de 11,6% na China, 10,5% na Federação Russa e 9,3% na Estónia, a resistência a três fármacos era de 5,6% na Índia, 4,7% na Federação Russa e 3,4% na China e a resistência a todos os quatro fármacos era de 3,7% no Irão, 5,7% na China, 6,2% na Federação Russa e 3% na China. Os casos multirresistentes foram de 12,3% na Federação Russa, 9,4% na China e 10,8% no México do Sul. Helen Heffernan (2002) relatou a vigilância da resistência aos medicamentos com base nos resultados dos testes de suscetibilidade dos laboratórios de referência de micobacteriologia dos hospitais de Auckland, Wellington e Waikato. Registaram-se 32 (11,9%) estirpes resistentes a 1 agente, 11 (4,1%) resistentes a 2 agentes, 1 (0,4%) resistente a 3 agentes, 1 (0,4%) resistente a todos os 4 agentes. Os doentes infectados com organismos resistentes à rifampicina têm uma elevada taxa de insucesso do tratamento quando recebem uma terapêutica de curta duração (Mitchison & Nuna, 1986). Os doentes com TB MDR necessitam de pelo menos 18 meses de terapia ou continuam a ter TB ativa apesar da terapia óptima (Christopher 2002). A resistência aos medicamentos está presente em todos os 72 países inquiridos em 2000. De acordo com estas estimativas, a Estónia é a capital mundial da TB MDR, com 14% de todos os novos casos de TB a serem de TB MDR. Sifuentes-Osornio J *et al.*, (1995) comunicaram que as taxas crescentes de resistência à isoniazida e à rifampicina são quatro vezes superiores às taxas anteriormente comunicadas para o México. A possível razão da diferença nos resultados obtidos em matéria de resistência pode residir no facto de existirem grandes diferenças nos padrões de vida, nas instalações de saúde, nas condições de higiene e na estrutura socioeconómica.

O risco mais elevado de resistência a um único fármaco registou-se contra a pirazinamida e o menor potencial de resistência foi observado contra o etambutol. O padrão de polirresistência indicou o maior potencial de resistência contra a isoniazida e o etambutol e o menor contra o etambutol e a pirazinamida na categoria de dois fármacos; o potencial máximo de resistência observado contra a rifampicina, a isoniazida e o etambutol e o menor contra a rifampicina, o etambutol e a pirazinamida na categoria de três fármacos. Assim, as combinações com menor potencial de resistência devem ser preferidas na prática clínica atual para evitar o desenvolvimento de resistência e assegurar a realização dos programas de controlo da TB.

REFERÊNCIAS

Bitar, D., Infuso, A., Barboza, P., Euro,T.B., Heersma, H., Kremer, K., Soolingen, D. V. M., Fauville-Dufaux, Havelkova, M., Prikazsky, V., Lillebaeck, T., Gutierrez, C., Kubica, T., Niemann, S., Brum, L., Iglesias, M. J., Martin, C., Samper, S. e Ghebremichael. S. 2001. Clustering of multi-drug resistant Tuberculosis cases from nine European countries, 1998-2001, Institut de Veille Sanitaire, Saint-Maurice Franc

CCDR (Relatório sobre Doenças Transmissíveis do Canadá). 2004. Tuberculosis Drugs Resistance; Summary Report (2003). Agência Canadiana de Saúde, Canadá. Vol. 30-10.

Christopher Dye (2002). Clinical study of Tuberculosis (Estudo clínico da tuberculose). Journal of infectious Diseases, 185:1197-1202 (15 de abril).

Espinal MA, Laszlo A, Simonesen L, Boulahbal F,. (2001). Global trends in resistance to antiTuberculosis drugs. Organização Mundial de Saúde - Grupo de Trabalho da União Internacional contra a Tuberculose e as Doenças Pulmonares sobre a Vigilância da Resistência aos Medicamentos Anti-Tuberculose. N Eng J Med 26 de abril; 344(17):1294-1303.

Isik Somuncu Johansen, Lundgren B., Sosnovskaja A. e Thomsen V.O. (2002). Deteção direta de *Mycobacterium Tuberculosis* multirresistente em amostras clínicas em países de baixa e alta incidência por ensaio de linha prob. Departamento de Microbiologia Clínica, Hospital Universitário de Hvidovre, Copenhaga, Dinamarca.

Haq, M.A., Khan, S.R., Saeed, S.U., Iqbal, S., Shabbir, R., e Magsi, J. 2002. Padrão de sensibilidade do *Mycobacterium Tuberculosis* em Lahore (Paquistão). *Anais do KEMC;8(3)* 190-93

Helen Heffernan (2002), Antituberculosis drug resistance, 2002. Ross Vaughan, Mycobacteriology Reference Laboratory, Auckland Hospital; Antibiotic Reference Laboratory. Grupo de Doenças Transmissíveis ESR Nova Zelândia

Hemvani N, Chitnis DS, Bhatia GC, Sharma N. (2001). Drug resistance among tubercle bacilli from pulmonary Tuberculosis cases in central India. Indian J Med Sci Jul; 55(7): 382-92.

Johnsson K, King DS, Schultz PG. (1995). Estudos sobre o mecanismo de ação da isoniazida e da etionamida na quimioterapia da tuberculose. Journal of American Chemical Society;**117**:5009-10.

Koh WJ, Kwon O J, Park YK, Lew WJ, Bai GH. (2005). Desenvolvimento de multirresistência durante o tratamento da tuberculose resistente à isoniazida. Eur Respir J 2005. 26: 557-559

Mitchison DA., Nuna AJ. (1986). Influência da resistência inicial aos medicamentos na resposta à quimioterapia de curta duração da tuberculose pulmonar. Am Rev Respir Dis; 133:423-30.

Nolan CM, Goldberg SV. (2002). Tratamento da tuberculose resistente à isoniazida com isoniazida, rifampicina, etambutol e pirazinamida durante 6 meses. Int J Tuberc Lung Dis 2002. 6: 952-958.

Rizwan, I., Shabbir I., Nazir M. e Hasan M. 2003. A resistência aos medicamentos contra a tuberculose é um desafio alarmante - resposta DOTS. *Pakistan J. Med. Res.* 42 No.3, 2003

Sifuentes-osornio J, Ponce-de-leon A, Camacho-Mezquia FE., Pobadilla S. Joy Milan, Kirsten A. Hauge, Natalia E. Kurepina. ***(2004)***. Distribuição geográfica alargada da família N de estirpes *de Mycobacterium tuberculosis* nos Estados Unidos. Seattle; Journal of Clinical Microbiology, , p. 1064-1068 Vol. 42, No. 3

Taha Nazir, Hameed A, Akhtar MS, Shabbir E, Qureshi JA, Malik A e Qaisar MN, (2008), Pyrazinamide resistance of *Mycobacterium Tuberculosis strains, isolated* from human patients, *Pharmacologyonline* 3: 948-957

Taha Nazir, Muhammad Hidayat Rasool, Abdul Hameed, Bashir Ahmad, Javed Anver Qureshi. (2010), Ethambutol resistance of indigenous *mycobacterium Tuberculosis* isolated from human patients, Brazilian Journal of Microbiology (2010) 41: 1065-1069

Taha Nazir, Abdul Hameed, Effat Shabbir, Javed Anver Qureshi, Suraj Abraham. (2009). Perfil de resistência à rifampicina de estirpes de Mycobacterium Tuberculosis isoladas de doentes humanos. Proc Pak Acad Scie

Uplekar, M.W., Rangan, S., Weiss, M.G., Ogden, J. e Borgdorff, M.W. 2001. Atenção às questões de género no controlo da tuberculose. *International Journal of Tuberculosis and Lung Disease,* 5(3):220-24.

OMS/ IUALTD. 2000. Anti-Tuberculosis drug resistance in the world report No. 2, prevalence and trend, Genebra, Organização Mundial de Saúde, EUA.

OMS. (2004). Organização Mundial de Saúde Vigilância da Tuberculose resistente aos medicamentos no Sudeste Asiático. Relatório de um curso de formação inter-países Banglore, Índia, 21, SEA-HLM-383 SEA-TB-270.

Capítulo 6

tendência da resistência da *tuberculose* aos medicamentos anti-*tuberculose* de primeira linha

A tuberculose é a maior causa de morte infecciosa de mulheres em idade reprodutiva e a principal causa de morte entre as pessoas com VIH/SIDA (Koh et al., 2005). Cerca de um terço da população mundial está infetada com *tuberculose* e, a cada segundo, é introduzido um novo doente (Nolan & Goldberg, 2002); 13,7 milhões de pessoas com tuberculose ativa, 9,3 milhões de novos casos, 1,8 milhões de mortes e uma taxa de incidência anual de 363 por 100 000 em África e 32 por 100 000 na América (OMS, 2005). Assim, compilámos este livro para descrever a tendência da resistência da *tuberculose* aos medicamentos antituberculose de primeira linha.

A emergência de resistência do Mycobacterium Tuberculosis aos medicamentos antituberculosos de primeira linha é um problema alarmante e de grande importância para a saúde pública. Alguns dos factores clínicos, biológicos e epidemiológicos estão constantemente a contribuir para o desenvolvimento da resistência. Esta é também induzida por protocolos de tratamento incorrectos, condições socioeconómicas precárias e uma vigilância terapêutica deficiente (Herendra & Shah, 1998) e mutações genéticas (Barnes et al., 1991). O recente aumento da incidência desta doença e o aparecimento de resistências tornou necessário o estudo da tendência para a resistência.

Metade de todos os novos casos de TB ocorrem em 6 países asiáticos - Bangladesh, Índia, Paquistão, Indonésia e Filipinas - e a multirresistência (resistência à isoniazida e à rifampicina com/sem resistência a outros fármacos anti-TB) está presente em praticamente todos os 109 países (Taha et al., 2008). Na maioria dos países em desenvolvimento, a doença sempre foi endémica (Bitar et al., 2001), mas nos países industrializados o desenvolvimento da resistência suprimiu a imunidade e contribuiu para o ressurgimento da doença (Uplekar et al., 2001). No entanto, o regime e a duração ideais para este tratamento continuam a ser objeto de alguma controvérsia. Aqui, tentámos partilhar a nossa experiência num caso de resistência primária e adquirida. O principal objetivo do nosso trabalho é estudar a tendência da resistência do *M. Tuberculosis* à rifampicina, à isoniazida, ao etambutol e à pirazinamida para decidir a credibilidade clínica dos programas de tratamento da tuberculose.

Foi efectuado um estudo no Paquistão para investigar a tendência de resistência do M. Tuberculosis à rifampicina, isoniazida, etambutol e pirazinamida. Os produtos químicos puros destes medicamentos foram fornecidos por Schazoo Laboratories (Pvt.), Lahore, Paquistão. Os doentes diagnosticados com tuberculose pulmonar e extra-pulmonar (AFB positivo) foram selecionados a partir de seis fontes diferentes. Foram selecionados doentes de todos os grupos etários, independentemente da sua idade, sexo e perfil terapêutico anterior. A expetoração, o pus e o lavado brônquico foram colhidos, etiquetados e armazenados separadamente. Todas as amostras foram centrifugadas, descontaminadas e processadas conforme descrito por Taha *et al.,* (2008). O meio Lowenstein Jensen foi preparado segundo o método descrito por Nazir *et al.* (2010) e utilizado para a cultura primária das amostras processadas. Os slants de meio LJ foram inoculados com amostras processadas numa cabina de segurança de classe II (Telstar, Espanha). O crescimento de *M. Tuberculosis* assim obtido foi identificado através da coloração Acid Fast e posteriormente utilizado para testes de sensibilidade.

Quadro 1: Concentração final dos agentes antituberculosos incorporados no meio LJ.

#	Medicamentos	Concentração
1	Rifampicina	40 µg/ml
2	Isoniazida	0,2 µg/ml
3	Pirazinamida	100 µg/ml
4	Etambutol	2 µg/ml

A sementeira excessiva de um meio contendo fármaco foi evitada através da padronização de inóculos que atenuam a possibilidade de erro de julgamento ao considerar a resistência a uma estirpe suscetível. As amostras representativas de crescimento com um mínimo de 50 colónias foram retiradas da cultura primária e colocadas em frascos McCartney com 1 ml de água destilada e 5 esferas de vidro. As misturas foram homogeneizadas por agitação vigorosa com um misturador Vortex (Eyela, Japão) durante 1-3 minutos e deixadas numa cabina de segurança de classe II (Telstar, Espanha). O processo detalhado de preparação de inóculos e teste de suscetibilidade do *M. Tuberculosis* é explicado por Taha et. al., (2015).

Registo e interpretação dos resultados

Os frascos Bijoux foram inspeccionados semanalmente para verificar o aparecimento de crescimento. Quando o crescimento era evidente no meio LJ, a morfologia da colónia era anotada. Um frasco de cultura foi exposto à luz do dia durante uma hora e reincubado para ser examinado quanto à pigmentação no dia seguinte. As culturas sem crescimento foram descartadas após 8 semanas de incubação. Registaram-se a presença e a quantidade de crescimento em termos de número de colónias no meio de controlo e no meio inoculado com o medicamento. Os resultados foram interpretados quanto à resistência com base na percentagem de colónias em meios que continham fármacos em comparação com o crescimento em meios sem fármacos. As estirpes que mostraram suscetibilidade foram novamente incubadas e examinadas às 6 semanas antes de serem declaradas sensíveis. O padrão de crescimento, o número de colónias e a contaminação foram cuidadosamente verificados semanalmente

As estirpes *de Mycobacterium TB* foram estudadas para avaliar a tendência geral da prevalência de resistência contra todos os quatro medicamentos antituberculosos de ^{primeira} linha. As estirpes de Mycobacterium TB foram divididas em quatro segmentos (cada segmento era composto por 43 estirpes *de Mycobacterium TB*). Em cada segmento, as estirpes foram estudadas cronologicamente quanto à resistência aos medicamentos. No 1.°segmento, 11 estirpes eram resistentes a 1 fármaco, 6 a 2 fármacos, 3 a 3 fármacos e 4 a todos os quatro fármacos (apenas 20 estirpes foram consideradas sensíveis a todos os quatro fármacos). No 2° segmento, 11 estirpes eram resistentes a um fármaco, 4 a dois fármacos, 5 a três fármacos e 4 a todos os quatro fármacos (apenas 19 estirpes foram consideradas sensíveis a todos os quatro fármacos). No 3° segmento, 9 estirpes eram resistentes a 1 fármaco e 3 estirpes a 2 fármacos (apenas 31 estirpes eram sensíveis aos quatro fármacos). No 4° segmento, 4 estirpes eram resistentes a 1 fármaco e 3 a 2 fármacos (apenas 36 estirpes eram sensíveis aos quatro fármacos) (Figura 1).

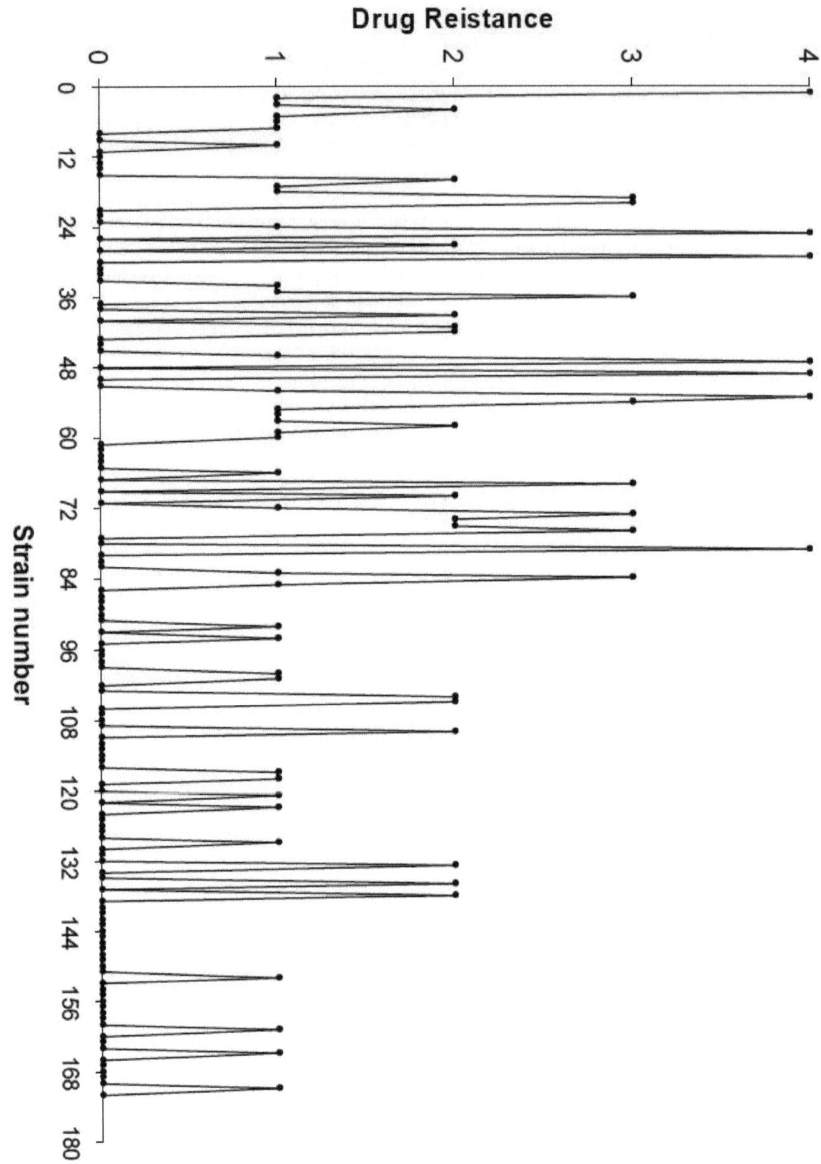

Fig.43. Tendência geral da prevalência de resistência de Mycobacterium -*TB* indígena durante novembro de 2004 - dezembro de 2005.

O número de estirpes *de M. Tuberculosis* e o seu padrão de resistência aos medicamentos foram estudados cronologicamente. Observou-se um declínio gradual no perfil de resistência do *Mycobacterium Tuberculosis* de novembro de 2004 a janeiro de 2006. Estes resultados são consistentes com o trabalho da OMS/ IUALTD, (2000), que registou uma diminuição na prevalência global de resistência contra a *Mycobacterium Tuberculosis.* As conclusões do estudo em apreço são corroboradas pelas conclusões da CCDR, (2004), que referiu que a percentagem de isolados que demonstram qualquer tipo de resistência aos medicamentos se manteve inalterada entre os dois anos de referência (12,6% em 2002 e 12,5% em 2003) e que a proporção de TB-MDR foi idêntica (1,5%) em ambos os anos. De um modo geral, o nível de resistência aos medicamentos contra a tuberculose não registou diferenças significativas desde o início deste sistema de notificação em 1998. O estudo de Rizwan *et al.*, (2003), revelou a comparação da resistência aos medicamentos MDR e a outros medicamentos anti-tuberculose entre 1998 e 2002. É evidente que a MDR e a resistência a outros medicamentos estão a aumentar com o passar do tempo. A razão possível pode residir no facto de o intervalo de aproximadamente cinco anos ter tornado estática a tendência de aumento da resistência. A experiência de outros países permite retirar uma série de lições para os futuros esforços de controlo da TB no Paquistão. Uma das únicas estratégias bem sucedidas é a rápida implementação e expansão do DOTS, que constitui a única solução para o aumento alarmante da TB resistente aos medicamentos no Paquistão. Os nossos resultados são consistentes com os de Xianyi (2002), que referiu que a implementação rápida do DOTS em grande escala em diferentes países demonstrou que o objetivo global de 85% de taxa de cura foi rapidamente alcançado e que o nível de resistência aos medicamentos foi provavelmente reduzido por estes projectos. Os nossos resultados estão de acordo com os de Helen Heffernan (2002), que registou resultados semelhantes em 2002. Os resultados dos testes de suscetibilidade antimicrobiana estavam disponíveis para todos os 268 isolados, que incluíam 264 *Mycobacterium Tuberculosis* e quatro isolados *de M. bovis.* Nos últimos oito anos, registou-se uma tendência de aumento da resistência à estreptomicina (p=0,0078). A resistência à isoniazida e à pirazinamida flutuou, ao passo que a resistência à rifampicina e ao etambutol se manteve relativamente estável e permaneceu <2%. Foram observadas algumas diferenças no perfil de resistência aos medicamentos antituberculosos de primeira linha. A razão possível pode residir no facto de existirem grandes diferenças nos padrões de vida, nas instalações de saúde, nas condições gerais de higiene e na estrutura socioeconómica. O envolvimento de uma estimativa da resistência aos medicamentos é extremamente importante na epidemiologia e no controlo da tuberculose (Hemvani, 2001). A estratégia DOTS, mundialmente aceite, parece ser a resposta ao rápido aparecimento de resistência aos medicamentos contra a tuberculose. Os resultados de 10 anos de experiência na expansão e aplicação da estratégia DOTS permitem deduzir uma série de projectos para os futuros esforços de controlo da TB na China e noutros países. Em menos de cinco anos, a cobertura do DOTS passou de zero para mais de 90% das áreas e da população-alvo (Xianyi, 2002).

Em conclusão, observou-se um declínio gradual da resistência global do *Mycobacterium Tuberculosis*. Os programas de controlo da tuberculose parecem ter sido bem sucedidos na erradicação do desenvolvimento da resistência. O estudo também nos orienta para futuros esforços de controlo da resistência nesta área. A experiência mostra também que as estratégias bem sucedidas de implementação rápida de protocolos de tratamento são eficazes na redução da mortalidade. A única solução para um aumento alarmante da resistência aos medicamentos é a terapia estandardizada e o acompanhamento contínuo.

REFERÊNCIAS

1 **Barnes, P., Blotch, AB., Davidson, BT., Snyder, Jr DE. (1991).** Tuberculose em pacientes com infeção pelo vírus da imunodeficiência. *N Engl J Med;* **324**:1644-50.

2 **Bitar, D., Infuso, A., Barboza, P., Euro,T.B., Heersma, H., Kremer, K., Soolingen, D. V. M., Fauville-Dufaux, Havelkova, M., Prikazsky, V., Lillebaeck, T., Gutierrez, C., Kubica, T., Niemann, S., Brum, L., Iglesias, M. J., Martin, C., Samper, S. e Ghebremichael. S.** 2001. Clustering of multi-drug resistant Tuberculosis cases from nine European countries, 1998-2001, Institut de Veille Sanitaire, Saint-Maurice Franc

3 **Relatório sobre Doenças Transmissíveis do Canadá (CCDR).** 2004. Resistência aos medicamentos contra a tuberculose; Relatório de síntese (2003). Agência Canadiana de Saúde, Canadá. Vol. 30-10.

4 **Haq, M.A., Khan, S.R., Saeed, S.U., Iqbal, S., Shabbir, R., e Magsi, J.** 2002. Padrão de sensibilidade do *Mycobacterium Tuberculosis* em Lahore (Paquistão). *Anais do KEMC;8(3)* 190-93

5 **Herendra, T. e Shah, J.R.** 1998. Multidrug resistance pulmonary Tuberculosis. Ind. J. Tub., **45**, 131

6 **Koh W.J., O.J.Kwon, Y.K. Park, W.J. Lew, G.H Bai, (2005)**, Development of multidrug resistance during treatment of isoniazid-resistant Tuberculosis, Eur Respir J 2005; 26: 557-559

7 **Miah, M.R., Ali, M.S., Saleh, A.A. e Sattar, H.** 2000. Primary drug resistance pattern of *M. Tuberculosisin* Dhaka, Bangladesh. *Bangladesh Med Res Counc Bull;* 26(2): 33-40.

8 **Nazir T**, Nida T, Hameed A, Islam A (2015) Padrão de resistência a medicamentos do M. tuberculosis - Uma ameaça emergente para a saúde pública. Prensa Med Argent 2015, 101:6. http://dx.doi.org/10.4172/lpma.1000194; doi:http://dx.doi.org/10.4172/lpma.1000194

9 **Nolan CM, Goldberg SV, (2002)** Treatment of isoniazid-resistant Tuberculosis with isoniazid, rifampin, ethambutol, and pyrazinamide for 6 months. Int J Tuberc Lung Dis 2002; 6: 952-958.

10 **Rizwan, I., Shabbir I., Nazir M. e Hasan M.** 2003. A resistência aos medicamentos contra a tuberculose é um desafio alarmante - resposta DOTS. *Pakistan J. Med. Res.* 42 No.3, 2003

11 **Parceria Stop TB.** (2006). A taxa de tuberculose em Londres atinge agora proporções de terceiro mundo. *PR Newswire Europe Ltd.* 4 de dezembro de 2002. Recuperado em 3 de outubro de 2006.

12 Taha N, Abdul H, Hadyat R, Javed AQ. (2010). Perfil de resistência ao etambutol de cepas *de M. tuberculosis* isoladas de pacientes humanos. Revista Brasileira de Microbiologia; 41: 1065-1069

13 **Taha Nazir, Hameed A, Akhtar MS, Shabbir E, Qureshi JA, Malik A e Qaisar MN, (2008),** Pyrazinamide resistance of *Mycobacterium Tuberculosis strains, isolated* from human patients, *Pharmacologyonline* 3: 948-957

14 **Uplekar, M.W., Rangan, S., Weiss, M.G., Ogden, J. e Borgdorff, M.W.** 2001. Atenção às questões de género no controlo da tuberculose. *International Journal of Tuberculosis and Lung Disease,* 5(3):220-24.

15 **OMS**(2007). Recuperado em 12 de novembro de 2009. Ficha informativa n.º 104. http://who.int/mediacentre/factsheets/fs104/en/index.html.

16 **OMS** (2009). *Global Tuberculosis control: epidemiology, strategy, financing.* pp. 6-33. Recuperado em 12 de novembro de 2009. http://who.int/entity/tb/publications/global_report/2009/pdf/chapter1 .pdf.

17 **OMS (Organização Mundial de Saúde) 2005.** Tuberculosis - the burden, Global project on antiTuberculosis drug resistance surveillance. Genebra; Pub. Nº OMS/ TB/97.229.

18 **OMS/ IUALTD.** 2000. Anti-Tuberculosis drug resistance in the world report No. 2, prevalence and trend, Genebra, Organização Mundial de Saúde, EUA.

DESTAQUES

Com base no presente estudo, são tiradas as seguintes conclusões,

1. A maioria dos doentes tuberculosos encontrava-se em enfermarias. Estavam gravemente doentes e necessitavam de cuidados especiais. Estes departamentos fechados são também observados como fonte de infeção tuberculosa contagiosa e nosocomial.
2. A expetoração é a amostra mais aceite para diagnosticar a tuberculose. É também utilizada para determinar a sensibilidade do Mycobacterium Tuberculosis pulmonar. O lavado brônquico, a púsquise e o líquido de biópsia também são utilizados para avaliar determinados testes clínicos.
3. A comparação epidemiológica da tuberculose pulmonar e extra-pulmonar apontou para uma prevalência cinco vezes mais elevada de tuberculose pulmonar do que de tuberculose extra-pulmonar.
4. Foi observada uma diferença significativa entre a distribuição da tuberculose por género. Os doentes tuberculosos do sexo masculino eram quatro vezes mais numerosos do que os do sexo feminino.
5. O padrão de resistência do Mycobacterium Tuberculosis indígena à rifampicina foi determinado pela técnica de proporção de fármacos utilizando o meio Lowenstein Jensen. Aproximadamente 1/5 do total de manchas de Mycobacterium Tuberculosis recolhidas foram consideradas resistentes à rifampicina.
6. Aproximadamente 1/6 do total de estirpes de Mycobacterium Tuberculosis recolhidas eram resistentes à isoniazida. É também o principal medicamento anti-Tuberculose que contribui para declarar a Tuberculose multirresistente.
7. Cerca de 1/16 do total de estirpes de Mycobacterium Tuberculosis eram resistentes ao etambutol. É o número mínimo de Mycobacterium entre todos os quatro medicamentos anti-Tuberculose examinados.
8. Aproximadamente % do total de estirpes de Mycobacterium Tuberculosis recolhidas eram resistentes à pirazinamida. É a resistência máxima do Mycobacterium tuberculosis entre todos os quatro fármacos anti-Tuberculose examinados.
9. A resistência máxima a monofármacos observada contra a pirazinamida e a resistência mínima contra o etambutol foi concluída pela comparação global das resistências a monofármacos das estirpes de Mycobacterium tuberculosis contra todos os medicamentos anti-tuberculosos de primeira linha.
10. Foram observadas três categorias de Mycobacterium Tuberculosis poli-resistentes com base na resistência a dois, três e todos os quatro fármacos anti-Tuberculose. Na categoria de dois fármacos, a isoniazida e o etambutol apresentaram a resistência máxima e o etambutol e a pirazinamida a resistência mínima contra o M. Tuberculosis. Na categoria de três medicamentos, a resistência máxima foi observada contra a rifampicina, a isoniazida e o etambutol e a resistência mais baixa contra a rifampicina, o etambutol e a pirazinamida.
11. O estudo global da tendência da prevalência da resistência demonstra o declínio gradual da resistência de novembro de 2004 a dezembro de 2005. A redução da resistência em relação ao número de fármacos e o aumento da sensibilidade foram bastante observados durante o período supracitado. Este facto permitiu retirar algumas lições para a definição de objectivos de controlo da resistência nesta área. Isto também pode ser derivado da experiência de uma estratégia bem sucedida de implementação rápida do protocolo de tratamento estabelecido pelo DOTS. Além disso, a terapia padronizada e o acompanhamento contínuo estão a alarmar o aumento da resistência aos medicamentos.
12. O nível máximo de resistência da Mycobacterium Tuberculosis resistente à rifampicina foi estudado através da preparação de cinco concentrações gradualmente crescentes. A resistência máxima foi observada no 1º e 2º níveis do fármaco e a mínima acima do 5º nível de rifampicina. Sensibilidade máxima observada no nível superior ao 5º fármaco e sensibilidade nula no nível do 1º e 2º fármacos.
13. No caso da isoniazida, a resistência máxima foi observada no primeiro e segundo níveis do medicamento e a mínima acima do quinto nível. Sensibilidade máxima observada acima do 5º nível e sensibilidade nula no 1º e 2º níveis.
14. No caso do etambutol, as resistências máximas foram observadas no 1.º e 2.º níveis e as mínimas no 5. Sensibilidade máxima observada no 5º nível e sensibilidade nula no 1º e 2º níveis.

15.Resistências máximas observadas no 1º e 2º níveis de pirazinamida e mínimas acima do 5º nível. Sensibilidade máxima observada no nível de pirazinamida superior a 5 e sensibilidade nula no nível 1 e 2.

16.Na comparação global da resistência da Mycobacterium Tuberculosis contra os fármacos anti-Tuberculose de 1ª linha, a resistência mais elevada foi observada nos níveis do 1º e 2º fármacos e a menor resistência foi encontrada no nível do 3º e 5º fármacos. A maioria das micobactérias resistentes foi inibida ao nível do 3º fármaco das respectivas concentrações de fármacos anti-Tuberculose.

17.Os medicamentos antituberculose de primeira linha devem ser interpretados do ponto de vista terapêutico para estudar a adequação farmacológica da dosagem e do regime. Os parâmetros farmacodinâmicos - Cmax (concentrações plasmáticas máximas), índice terapêutico e dose padrão, regimes máximos, efeitos indesejáveis, etc. - devem ser considerados para obter resultados científicos exactos. 13A tuberculose resistente aos medicamentos representa uma ameaça significativa para a saúde humana e é importante compreender como surge a resistência se quisermos inverter a tendência ascendente. Nenhum comboio resistente à rifampicina foi inibido3 nos 1.º e 2.º níveis do fármaco. 40,54% de estirpes de Mycobacterium - Tuberculosis resistentes inibidas ao 3º nível de rifampicina. Na prática, não é viável manter uma concentração plasmática superior ao intervalo terapêutico de 6,5±3,5ug/ml. 35,12% das Mycobacterium Tuberculosis resistentes foram inibidas com o 4º nível de rifampicina, 18,91% foram inibidas com o 5º nível de rifampicina e 5,40% foram inibidas com um nível superior ao 5º nível de rifampicina. Estas concentrações finais incorporadas nos meios LJ excedem o índice terapêutico, pelo que não podem ser utilizadas na prática atual. Os possíveis efeitos indesejáveis são erupções cutâneas, náuseas, vómitos, perturbações gastrointestinais, hepatite, febre e síndrome gripal.

18.Nenhuma estirpe resistente à isoniazida foi inibida ao 1º, 2º e 3º níveis do fármaco. 28% das estirpes de Mycobacterium-Tuberculosis resistentes foram inibidas ao 4º nível de isoniazida. A concentração plasmática máxima que pode ser mantida no organismo é de - 4ug/ml. Por conseguinte, pode ser utilizada na prática atual. O regime máximo de isoniazida é de 400 mg. 24% de Mycobacterium resistente Estas concentrações incorporadas nos meios LJ excedem o índice terapêutico. Por conseguinte, não devem ser mantidas no tratamento atual da tuberculose. Os possíveis efeitos indesejáveis são: hipersensibilidade, parestesia, elevação das enzimas hepáticas, hepatite e neuropatia periférica, náuseas, vómitos, angústia epigástrica, agranulocitose, trombocitopenia, febre, erupções cutâneas diversas, síndromes dermatológicas e reumatóides e lupóides que podem produzir graves riscos para a saúde. Os efeitos adversos estão relacionados com a dose e a duração da administração. A parestesia é o efeito adverso mais frequente e parece dever-se a uma deficiência relativa de piridoxina.

19.Nenhuma estirpe resistente ao etambutol foi inibida aos níveis de 2ug/ml e 4ug/ml do primeiro e segundo fármacos. 50% das estirpes de Mycobacterium Tuberculosis resistentes foram inibidas ao terceiro nível de 6ug/ml. A concentração plasmática máxima (Cmax) que pode ser mantida num doente com tuberculose durante o protocolo de tratamento é descrita por outros investigadores como 3-5ug/ml (Bertram G. Katzung, 2004), 2-5ug/ml (Leon et al., 2004) e 4-6ug/ml (Richard et al., 2006). É muito óbvio a partir dos dados fornecidos que exceder a concentração plasmática mencionada pode introduzir toxicidade. O efeito adverso mais importante do etambutol é a neurite ótica, a diminuição da acuidade visual e o daltonismo vermelho-verde. Além disso, a excreção de urato diminuiu, o que pode exacerbar a gota. A respectiva concentração plasmática não pode ser mantida sem o risco de graves perigos para a saúde do doente. Por conseguinte, os regimes são rejeitados para utilização na prática quimioterapêutica atual.

20.Nenhuma estirpe resistente à pirazinamida foi inibida aos níveis 1 e 2 do fármaco. 27,66% das estirpes de Mycobacterium Tuberculosis resistentes à pirazinamida foram inibidas ao terceiro nível de pirazinamida de 300ug/ml. A concentração plasmática máxima que pode ser mantida no corpo humano relatada por diferentes investigadores é de 9-12ug/ml (Joel et al, 2001), 19ug/ml (Leon et al., 2004), 30-50ug/ml (Bertram, 2004), 37-40ug/ml (Richard et al., 2006). Exceder esta concentração plasmática máxima permitida pode introduzir graves perigos para a saúde, ou seja, podem ocorrer náuseas, hiperuricemia, erupções cutâneas, dores nas articulações, gota (raro), febre, anorexia, mal-estar, hepatite com ou sem iterícia hepática e morte. A manutenção da concentração plasmática acima referida é, por conseguinte, rejeitada para utilização na prática quimioterapêutica atual.

RECOMENDAÇÕES

Com base nas conclusões do presente estudo, as recomendações podem ser divididas nas seguintes categorias principais

Recomendações gerais para a tuberculose

1 Aplicação de procedimentos e orientações normalizados de controlo das infecções para reduzir a propagação da patogenicidade da tuberculose dentro e fora das instituições/hospitais. ► É altamente necessário introduzir um programa nacional de controlo de infecções por micobactérias e de vigilância da resistência molecular que não existe atualmente no Paquistão. A tecnologia informática e a informática médica podem ser utilizadas para a recolha exacta de dados, a caraterização eficiente e a análise atempada para ultrapassar com êxito o fardo global da tuberculose.

2 A vigilância sistemática, a garantia de qualidade e o apoio de dados digitais necessários para a tomada de decisões relativas à quimioterapia e/ou profilaxia da Mycobacterium Tuberculosis suscetível e resistente. Será possível prever a resistência emergente entre os medicamentos anti-tuberculose disponíveis, conduzindo a um tratamento eficaz que poderá controlar a disseminação da resistência da Mycobacterium.

3 A compreensão da fisiologia/ morfologia, ecologia, base genética e molecular da resistência do Mycobacterium Tuberculosis deve ser aumentada para um controlo bem sucedido deste micróbio perigoso.

4 Reforçar o currículo dos profissionais de saúde humana na área da desinfeção, manutenção doméstica, esterilização e factores que contribuem para a sua propagação, incluindo protocolos de tratamento inadequados com regimes ineficazes. ► Envolver os especialistas em medicamentos (particularmente os farmacêuticos qualificados), as agências governamentais e as organizações de assistência social para assegurar a qualidade da medicação, as modificações terapêuticas e a implementação de procedimentos de profilaxia contra a tuberculose.

5 Estabelecimento de normas laboratoriais para a deteção eficaz e exacta da base molecular e genética da resistência do Mycobacterium Tuberculosis. Estas normas incluem a recolha de amostras, o transporte, o exame físico, a identificação molecular, a caraterização genética e as técnicas de comunicação utilizadas na epidemiologia molecular.

Recomendações para melhorar a sensibilização contra a tuberculose

6 Educar os doentes para a utilização adequada dos medicamentos de primeira linha contra os susceptíveis e do protocolo de tratamento de segunda linha contra a Mycobacterium Tuberculosis resistente.

7 A ênfase é colocada nos testes de diagnóstico rápidos e fiáveis baseados na investigação e na vacinação para a prevenção e o controlo da infeção por micobactérias.

8 Intervenção dos profissionais de saúde para reduzir a probabilidade de desenvolver resistência aos medicamentos anti-Tuberculose. Isso influencia negativamente a qualidade dos resultados dos cuidados de saúde. Uma intervenção bem organizada e enraizada pode produzir benefícios surpreendentes.

9 Estabelecer um controlo eficaz dos medicamentos utilizados contra a tuberculose na sociedade.

10 Realização de estudos para atualizar os conhecimentos profissionais, melhorar os comportamentos e inculcar a importância da conclusão do tratamento para controlar a infeção tuberculosa na comunidade e nos hospitais.

11 Aumentar a sensibilização para as complicações e ameaças colocadas pela Mycobacterium Tuberculosis resistente na comunidade.

12 A ênfase é colocada na identificação exacta das potenciais estirpes de Mycobacterium Tuberculosis através de métodos moleculares

13 Assegurar de forma crucial a compreensão e a participação nos esforços de controlo da propagação da resistência aos agentes anti-Tuberculose. Os programas educativos descrevem as complicações e fornecem

diretrizes para a utilização dos fármacos antituberculose na prática geral e em contextos institucionais de cuidados de saúde.

Recomendações para uma prática de tratamento prudencial

14 Seleção cuidadosa do protocolo de tratamento e da respectiva dose de medicamentos anti-Tuberculose. A decisão de medicação é optimizada com base no padrão de sensibilidade do Mycobacterium Tuberculosis infetado do doente.

15 Uma elevada taxa de cura sem o aparecimento de resistência pode ser alcançada através da adoção de tratamentos de doses/regimes aprovados internacionalmente. Estes também são eficazes na prevenção do aparecimento de resistências. Além disso, as quimioterapias combinadas minimizam a probabilidade de mutantes espontâneos desenvolverem resistência a todos os componentes da quimioterapia.

16 Estabelecer a linha de base da eficácia dos agentes anti-Tuberculose, ou seja, comparar com: especificações baseadas na literatura, dados obtidos a partir de estudos de vigilância terapêutica e de resistência e dados comparativos utilizados para avaliar os factores de risco internacionais e/ou locais.

Recomendações relacionadas com a epidemiologia e a prevalência da resistência

17 Restringir a utilização excessiva ou insuficiente de medicamentos contra a tuberculose, propondo aos farmacêuticos qualificados que desempenhem o seu papel profissional no desenvolvimento de estratégias bem sucedidas. O farmacêutico audita as receitas médicas, avalia a adesão às considerações farmacológicas e aos condicionalismos do formulário para travar o mecanismo de desenvolvimento da resistência.

18 Para convencer os especialistas em medicamentos (farmacêuticos) e os clínicos de que a terapêutica com medicamentos antituberculose deve ser mais bem adaptada aos doentes, é necessário apresentar provas científicas. A prática da prescrição exige um perfil forte da micobactéria, um apoio laboratorial cuidadoso e elucidações moleculares confirmadas.

19 Estabelecer o perfil morfológico, molecular e genético concomitante para avaliar a relação entre o Mycobacterium Tuberculosis emergente em instalações de tratamento e a comunidade em vários ambientes.

20 Estudar sistematicamente para mapear a prevalência do padrão de resistência bacteriana.

21 Normalização dos métodos utilizados para o diagnóstico e avaliação da sensibilidade com os testes de qualidade de referência, que devem seguir de perto os documentos publicados pela Organização Mundial de Saúde.

22 Interpretar os resultados corretos da cultura e da sensibilidade.

23 Obter imunização contra a tuberculose através da vacina BCG e melhorar o estatuto socioeconómico.

Terapêutica e gestão da resistência das micobactérias

24 Caracterização e identificação de estirpes de Mycobacterium Tuberculosis ao nível dos cuidados de saúde primários para coordenar o doente com tuberculose com a genotipagem da estirpe detectada. Ajudará na utilização de medicamentos antituberculosos, na monitorização e nos programas de intervenção a nível institucional.

25 Facilitar a prescrição e/ou a decisão dos protocolos de tratamento no que diz respeito às elucidações clínicas micobacterianas e aos resultados terapêuticos dos estudos farmacológicos, com o objetivo de melhorar a seleção racional dos regimes.

APÊNDICES

Apêndice I. Método normalizado de recolha do espécime de expetoração de um doente com suspeita de tuberculose.

Seguir as diretrizes rigorosamente implementadas para garantir a qualidade do trabalho,

1. Ser cooperante e simpático com o paciente. Aumentar a sua confiança, pedindo-lhe para se sentar, comportando-se com simpatia.
2. Educar o doente para fornecer uma amostra exacta e para a importância das avaliações patológicas.
3. Utilizar um recipiente de expetoração de boca aberta, inquebrável, com tampa de rosca e esterilizado para recolher a amostra.
4. Recolher os três espécimes 1) primeiro espécime pontual: quando o doente vem ter consigo pela primeira vez, 2) espécime matinal e 3) segundo espécime pontual: quando o doente traz o seu espécime matinal.
5. Colocar o doente em isolamento num local de recolha de amostras ao ar livre e mantê-lo afastado da comunidade em geral para evitar a sua propagação a outras pessoas.
6. Recolher a expetoração do interior dos pulmões em vez de saliva ou exsudados aquosos/espumosos.
7. Fornecer outro frasco de recolha de expetoração ao doente para que este recolha a expetoração de manhã cedo no dia seguinte.
8. Orientar o doente para lavar a boca com água fresca, tossir para expelir a expetoração com força para o frasco de recolha da expetoração.
9. Pedir ao paciente para respirar profundamente e depois tossir, tomar uma chávena de extrato de gengibre e pimenta preta para aumentar as hipóteses de expulsão máxima da expetoração.
10. Colocar-se sempre atrás do doente para evitar infecções.
11. Recolher o frasco de expetoração do doente e lavar com um pano ou algodão no local de exame. De seguida, lavar as mãos e outros materiais envolvidos para garantir a biossegurança.
12. Marcar o frasco, anotar o número de registo da amostra e inscrever os doentes no registo do laboratório.

Apêndice II. LEITURA E REGISTO DOS RESULTADOS DE SENSIBILIDADE DOS DOENTES DIAGNOSTICADOS COM TUBERCULOSE

REGISTO DOS DADOS DA INVESTIGAÇÃO

"Prevalência, caraterização e avaliação clínica do *Mycobacterium Tuberculosis* indígena"

Supervisores:

Dr. Abdul Hameed,
Departamento de microbiologia
Faculdade de Ciências Biológicas,
Universidade Quaid-e-Azam, Islamabad

Prof. Dr. Bashir Ahmed
Escola de Farmácia
Universidade de Punjab, Lahore

RELATÓRIO DE SENSIBILIDADE A MEDICAMENTOS:

Não.: ______________________ Data: ______________________

Cultura No. : ______________________ Amostra: ______________________

Fonte: ______________________ Ficheiro # : ______________________

PERFIL DO PACIENTE:

Nome do doente: ______________________ S/D/O ______________________

Interior: ☐ Fora de casa: ☐ Masculino ☐ Feminino ☐

Endereço: ______________________________________

Data de cultura: ______________________ Data de leitura: ______________________

RESULTADOS :

Controlo :10(3 ☐ 10(5 ☐ CS5-10(3 ☐

CS5-10(5 ☐ NB-10(3 ☐ PNB-10(5 ☐

SENSIBILIDADE/RESISTÊNCIA:

RFP (R/S):-	G:-
RFP (R/S):-	G:-
RFP (R/S):-	G:
RFP (R/S):-	G:

Data: ______________________

TAHA NAZIR
Bolseiro de doutoramento (microbiologia)
Departamento de Ciências Biológicas
Universidade Quaid-e-Azam
Islamabad, Paquistão ,
+92-321-6015589

RFP- Rifampicina; PZA- Pirazinamida; BW- Lavado brônquico; PS- Gato; SPT-Sputum; G - Crescimento; NG- Não crescimento; Cont-Controlo; Ctm - Contaminação; ISN- Isoniazida; CIP-Ciprofloxacina; ETuberculose- Etambutol; STP-Estreptomicina; PF - Líquido pulmonar

Apêndice III. PROCEDIMENTO OPERACIONAL NORMALIZADO (POP) MEDIDAS DE CONTROLO DA QUALIDADE.

O pessoal dos laboratórios, os trabalhadores e o pessoal executivo têm de adotar todas as medidas de segurança possíveis e seguir os procedimentos operacionais normalizados para evitar a transmissão destes agentes patogénicos mortais. As principais instruções são as seguintes

1. Utilizar a máscara, o macacão e as luvas para evitar o contacto direto com os agentes patogénicos.
2. Desinfetar as instalações antes e depois de trabalhar/expor a *Mycobacterium Tuberculosis* na zona.
3. Utilizar sempre o exaustor de fluxo laminar mantido a uma pressão de ar negativa e composto por luz UV, queimador de gás e produtos químicos desinfectantes.
4. Nunca comer, beber ou fumar na área do laboratório.
5. Desinfetar regularmente a toalha, as ferramentas, os aparelhos e os utensílios de uso diário, conforme previsto no programa do laboratório.
6. Manter rigorosamente um serviço de limpeza de alta qualidade.
7. Esterilizar todos os materiais e aparelhos envolvidos utilizando o autoclave.
8. Assegurar o abastecimento adequado, regular e de qualidade de água, gás e outros materiais no laboratório.

MIX
Papier aus verantwortungsvollen Quellen
Paper from responsible sources
FSC® C105338

Printed by Books on Demand GmbH, Norderstedt / Germany